应用型本科艺术与设计专业"十二五"系列精品教材

设计心理学

主 编 张 鑫 郭媛媛

副主编 姜 丹 童宜洁 刘 粟 黄雁南

Sheji Xinlixue

华中科技大学出版社
http://www.hustp.com
中国·武汉

内 容 简 介

本书共九章。第一章主要论述了设计心理学的概况;第二章、第三章分别论述了感觉、知觉、需要与设计之间的关系;第四章论述了设计心理学的动机问题;第五章主要从设计心理学的角度,分析创造能力是什么及如何培养设计师的创造能力;第六章主要论述了设计的情感;第七章、第八章、第九章分别系统地介绍了审美心理、社会文化心理现象及设计师个体心理特征。

本书充分考虑了设计艺术各专业的需要,作为艺术设计基础课程教材,适合普通高等院校的平面、包装、产品、室内、环境等艺术设计专业的本科、专科学生使用,也适合各类电大、夜大、网络学校及职业技术类学校艺术设计类专业的学生使用。本书还可以作为普通中小学、幼儿园的美术教师的教学参考书及其他各类设计人员、相关研究人员的研究用书。

图书在版编目(CIP)数据

设计心理学/张 鑫 郭媛媛 主编.—武汉:华中科技大学出版社,2012.11 (2021.12 重印)
ISBN 978-7-5609-8173-4

Ⅰ.设… Ⅱ.①张… ②郭… Ⅲ.工业设计-应用心理学-高等学校-教材 Ⅳ.TB47-05

中国版本图书馆 CIP 数据核字(2012)第 153490 号

设计心理学　　　　　　　　　　　　　　　　　　　张 鑫 郭媛媛 主编

策划编辑:袁 冲
责任编辑:禹宏宇
封面设计:龙文装帧
责任校对:李 琴
责任监印:张正林
出版发行:华中科技大学出版社(中国·武汉)
　　　　　武昌喻家山 邮编:430074 电话:(027)81321913
录　排:武汉正风天下文化发展有限公司
印　刷:湖北新华印务有限公司
开　本:880 mm×1230 mm 1/16
印　张:8.5 插页:4
字　数:274 千字
版　次:2021 年 12 月第 1 版第 9 次印刷
定　价:30.00 元

独立学院已成为我国高等教育不可或缺的重要组成部分。全国目前已有独立学院300多所,并陆续有一些独立学院脱离母体学校,转设为民办院校,它们在拓展高等教育资源、扩大高校办学规模,尤其是在培养应用型人才等方面发挥了积极作用。

编写适宜独立学院和民办院校使用的应用型本科教材,应充分借鉴普通本科与高职高专类教材建设的经验,以促进就业为导向,做到理论方面高于高职高专类教材、实践方面高于普通本科教材。在湖北省高校美术与设计教学指导委员会的指导下,湖北省独立学院和民办院校艺术设计院系的负责同志经过多次专题研讨,确立了应用型本科艺术类教材编写的基本模式,以湖北省独立学院教师为主,广泛吸纳各地二类本科院校尤其是民办院校参与,组织编写一套应用型本科艺术类精品教材,并定为湖北省高校美术与设计教学指导委员会规划教材。这套教材遵循应用型本科艺术类人才培养模式,与时俱进,不断创新,特色鲜明。

(1)突出特色 根据独立学院艺术专业人才培养计划,科学地策划和编写教材,强化"三个突出、一个结合"的原则,即突出应用性、技能性和实践性,与全面素质教育相结合。

(2)体现创新 教材组织形式、编写体例、素材选用与组织视角新颖。同时能引导教师充分理解和把握学科标准、特点、教学目标,能让教师领会教材编写意图并结合学生的特点,以教材为载体,灵活有效地组织教学,拓展教学空间,以实现教师有效引导与学生自主创新的统一。

(3)注重实用 在教材编写中,突出开放形态的实践教学,体现适用、够用和创新精神,完善教材体系。

从本套教材编委会提交的教材编写工作方案来看,这套教材学科覆盖面比较广泛,包括了美术学基础和设计学基础两大二级学科。编写工作方案整体上突出了三大要素,即重基础、宽口径和理论联系实际,并且强调了内容新、信息全和重实践的特色编著理念。这套教材在体例的编排上,突出了结构体系的科学性,内容体系的完整性和格式体系的合理性,达到了高等教育学术规范的要求。好的教材不仅要突出创新性,立足于实际,同时也要以高校的发展需求为契机。本套教材突出了科学性、实用性、针对性、通俗性和普及性,具有先进的策划和设计理念,并有准确的定位和完善的体例相配合,装帧设计与教材内容相契合,是一套值得推荐的教材。

过去这类教材出版很多,但多数不太适合应用型人才培养的要求。我认为,教师好用、学生好学、能指导实践的教材才是好教材。好的教材就会有较强的生命力,能经受住实践的考验,具有大范围的推广性。

　　教材编写是一个系统工程,承载了各院校的学术诉求和课程改革愿望。湖北省高校美术与设计教学指导委员会对整套教材的编写工作高度重视,并将在后续的编写和审读编辑工作中提供全方位的支持。

　　愿我们这套教材的顺利出版能为独立学院和民办院校的教学发展和课程体系建设,以及应用型人才的培养添砖加瓦!

湖北省高校美术与设计教学指导委员会秘书长

中国艺术家协会常务理事

中国艺术家协会视觉艺术研究会副会长

中国美术与设计文献研究中心主任

湖北美术学院学术委员会委员

张昕　教授

2011 年 5 月 20 日

前言

　　如何应用设计心理学来指导设计师的设计实践活动,使之能协助设计师的创造行为,并将这种创造行为转化为设计能力,是我国艺术设计教育过程中的一个重要研究课题。如今,艺术设计已经成为一级学科,有独立、完善的知识体系。在设计如火如荼地席卷现代生活的今天,人们对设计的要求已经不仅仅是基于功能和外观的需求,更多时候是要求它成为人们与生活对话的工具。20世纪末以来,设计越来越成为一个系统工程,它横跨心理学、人机工程学、环境学等多个学科。设计心理学也作为独立的学科参与到设计中来。设计师应当从使用者的心理出发,让设计从生理和心理两个维度来满足人们的需求。

　　设计心理学是以心理学为主要手段,以提高学生设计能力为主要目的的一门课程。它面向全体艺术设计专业的学生,力求全面提高艺术设计学生的综合创作能力,强调在设计中关注设计受众的心理需求,培养学生以设计心理学指导设计实践的能力,体现艺术设计课程目标与教学内容的统一,力求做到理论与实际相结合。

　　本书共九章。第一章主要论述了设计心理学的概况;第二章、第三章分别论述了感觉、知觉、需要与设计之间的关系;第四章论述了设计心理学的动机问题;第五章主要从设计心理学的角度,分析了创造能力是什么及如何培养设计师的创造能力;第六章主要论述了设计的情感;第七章、第八章、第九章分别系统地介绍了审美心理、社会文化心理现象及设计师个体心理特征。本书充分考虑了设计艺术各专业的需要,作为艺术设计基础课程教材,适合普通高等院校的平面、包装、产品、室内、环境等艺术设计专业的本科、专科学生使用,也适合各类电大、夜大、网络学校及职业技术类学校艺术设计类专业的学生使用。本书还可以作为普通中小学、幼儿园的美术教师的教学参考书及其他各类设计人员、相关研究人员的研究用书。

　　本书由张鑫老师总体策划,张鑫、郭媛媛老师担任主编,姜丹、童宜洁、刘粟、黄雁南等老师担任副主编。本书经过反复修改,最后由张鑫、郭媛媛老师统稿而成。在编写过程中,本书吸取了国内外许多专家和学者在心理学、设计心理学、艺术设计、美学等方面的研究成果,在此对他们一并致以谢意! 由于编写人员水平有限,书中不妥之处在所难免,敬请读者批评、指正!

《设计心理学》编委会

2012年3月22日

目录

第一章　设计心理学概述　　1
　第一节　设计心理学的定义和研究对象　　2
　第二节　设计心理学的研究背景和意义　　4
　第三节　设计心理学的研究方法　　7

第二章　设计与感觉、知觉　　13
　第一节　感觉　　14
　第二节　视觉　　17
　第三节　色觉　　20
　第四节　其他感觉　　25
　第五节　知觉　　27

第三章　设计与需要　　35
　第一节　需要　　36
　第二节　消费者需要分析　　37

第四章　设计与动机、兴趣　　41
　第一节　动机　　42
　第二节　设计受众的动机分析　　47
　第三节　设计与兴趣　　56

第五章　设计与创造性　　61
　第一节　创造性思维　　62
　第二节　创造能力　　68
　第三节　创造力测验　　80

第六章　设计与情感　　87
　第一节　情感　　88
　第二节　设计物的情感体验　　88
　第三节　情感设计的法则　　97

第七章　审美心理 101

　　第一节　审美心理流派 102

　　第二节　审美反应 110

　　第三节　审美反应的测量 113

第八章　社会文化心理现象 115

　　第一节　文化心理 116

　　第二节　社会动力机制 117

　　第三节　群体效应与设计 118

第九章　设计师个体心理特征 121

　　第一节　设计师的审美心理 122

　　第二节　设计师的情感 123

参考文献 126

第一章

设计心理学概述

第一节　设计心理学的定义和研究对象

第二节　设计心理学的研究背景和意义

第三节　设计心理学的研究方法

设计是人类特有的实践活动,是伴随着人类开始造物就出现的概念。在很长的一段历史时期内,技艺创作和设计活动是融为一体的,各种新的器具都是能工巧匠们边琢磨边制作出来的,技艺创作可以说是装在头脑中的设计。今天,设计的触角已经伸入人类活动的所有领域,而且分类越来越细致,大体上可分为工程设计类(如产品设计、建筑设计、服装设计)、工艺美术类(如陶瓷工艺、家具工艺、染织工艺、陈设工艺)、艺术创作类(如语言艺术、表情艺术、造型艺术、综合艺术)等。细致的分类并没有改变设计作为造物活动的本质,却使设计更受其他一些因素的影响,如社会经济、文化、艺术,以及消费者和设计师的心理需求。所以,设计越向高深、细致的层次发展,就越需要设计心理学的支持。

第一节 设计心理学的定义和研究对象

一、设计心理学的定义

将"设计心理学"作为一个独立的名词使用,并作为一门独立学科加以研究,即使在欧美的发达国家,也是20世纪90年代以后才开始的,它主要应用于人机界面设计、网页设计、数字媒体设计、环境艺术设计等领域。但是,作为设计心理学的相关理论,如心理学、设计艺术学、美学、人机工程学等,却是由来已久。

英语中心理学(psychology)一词来自希腊文,由"psyche"(灵魂)和"logos"(讲述)二词构成。古希腊人认为,"人具有不死的灵魂,灵魂就是意识,可以与肉体分开存在"。心理学的原始形态通过字面理解,就是"灵魂的述说"。

设计心理学是一门崭新的学科,以往对它做出明确界定的学者并不多。如果梳理一下设计及相关领域中与心理学有关的研究,便会发现由于设计心理学显著的学科交叉性和边缘性,其主要内容往往来自其他学科或设计实践中的相关研究和实践经验,包括生理学、心理学、美学、人机工程学、信息科学、设计艺术学等学科,而这些学科又往往相互交叉和渗透,形成了一个错综复杂的网络。因此,设计心理学目前尚未形成一个有秩序的、脉络清晰的整体,而是零星地分散于各学科领域之中,不像纯艺术学科的心理学研究相对发展得较为成熟和完整。研究设计心理学的学者基本上是从其专业领域出发来展开研究的,他们从不同角度,在不同学科背景下进行了多种尝试,提出了多样性的观点。

美国认知心理学家唐纳德·A.诺曼是最早提出设计心理学相关理论的学者,他认为"设计的外观应该为用户的正确操作提供关键的线索"。他将自己所做的研究称为"物质心理学",通过大量的设计案例来分析用户的使用心理,丰富了设计心理学的定义。

国内学者也对设计心理学做出了自己的界定,主要观点有如下几种。

李彬彬教授认为,"设计心理学是工业设计与消费心理学交叉的一门边缘学科,是应用心理学的分支,它是研究设计与消费心理匹配的专题。设计心理学是专门研究在工业设计活动中,如何把握消费者心理、遵循消费行为规律、设计适销对路的产品、最终提升消费者满意度的一门学科"。

赵江洪教授认为,"设计心理学属于应用心理学范畴,是应用心理学的理论、方法和研究成果,解决设计艺术领域与人的'行为'和'意识'有关的设计研究问题"。

李乐山教授认为,"工业设计应该调查人们在使用各种物品时的审美心理和审美需要,……从心理学角度研究这些问题,建立设计美学;从人们日常的知觉感受、认知感受、情绪感受出发,分析各种审美需要"。

任立生教授则认为,"设计心理学是以普通心理学为基础,以满足需求与使用心理为目标,研究现代设计活动中,设计者心理活动的发生、发展规律的科学。设计心理学属于心理学科的一个新的分支"。

以上学者的定义各有侧重,有的是从消费者心理的角度出发,侧重于利用心理学原理来掌握不同消费群体的多样性需要,然后用于设计实践中;有的是综合筛选心理学各方面的相关知识,用来分析和解决设计艺术领域中的问题。总之,设计心理学是设计人员必须掌握的一门学科,它是建立在心理学基础上,把人们的心理状态,尤其是人们对于需求的心理,通过意识作用于设计的一门学问。它同时研究人们在设计创造过程中的心态,以及设计对社会和个体所产生的心理反应,反过来再作用于设计,起到使设计更能够反映和满足人们心理需求的作用。

举一个简单的例子来说一下设计心理学对我们生活的影响。例如,面对商场中的同一件商品,视力正常的人会从颜色、外形等多方面来评价、感知它,而盲人对它没有多少感知,这些感知差异可归属为个体差异性(包括个性、能力、知识经验、生活经历等)的影响;对同一件商品,心情愉悦的人感知到的往往是鲜艳的色彩、活泼的装饰和新颖的造型,情绪焦虑的人可能看到的仅仅是刺激和杂乱,这些感知差异可归属为情绪、情感的影响;匆忙的路人可能对该商品,甚至对它周围环境的装饰和布置都毫无察觉,这可以归属为情境的影响;而不需要这一商品的人可能根本就不会注意到它,这是属于意动(需要和动机)的影响;如果是需要这个商品的人,即使把它放置在一个很不起眼的角落,也能主动搜索到这个商品,这是属于主体能动对环境施加的影响。

从上面的例子可以看出,设计心理学没有将设计目标主体视为完全客观的行为(即对刺激的简单反应)系统,它重视主体意识的主观能动作用,承认主体的行为会受到情绪、情感等感性因素的影响和驱动,并和主体与生俱来的个性、能力及后天学得的知识、经验密切相关。另外,设计心理学还将环境、情境的影响作为考察主体心理现象和行为的重要依据。可见,设计心理学是运用普通心理学的原理,研究设计艺术领域中设计主体和设计目标主体心理现象发生、发展的规律,以及影响心理现象的各个相关因素的科学。

二、设计心理学的研究对象

针对设计心理学的研究对象,有的学者提出,"工业设计的目的是为人服务的,是运用科学技术创造人生活、工作所需要的'物',设计服务的真正对象是'人'"。因此,他们认为设计心理学的研究对象就是消费者和目标用户,"顾客就是上帝"。

然而,也有很多学者提出了不同的观点并进行了相应的研究。例如,美国早期设计师德雷夫斯偏爱设计平稳的、静态的结构;而意大利设计师设计的鲜红塑料打字机则充满了热烈、奔放的情调。研究者认为,他们对设计风格的不同爱好与他们的创作心理有着深厚的关系。又如,达·芬奇在回忆自己童年的时候说:"看来我是注定了和秃鹫有着很深的关系,因为我想到了很久以前的一件往事,当我还在摇篮里的时候,一只秃鹫向我飞了下来,它用翘起的尾巴撞开我的嘴,还用它的尾巴一次次地撞我的嘴。"研究达·芬奇的学者分析,达·芬奇是个私生子,没有父爱,过分依赖母亲。秃鹫都是雌性,它的形象象征母亲。所以,依恋母亲的温情成为达·芬奇创作活动中最隐秘的心理冲动,他一生创作了一系列微笑的女性。可见,设计师的创作、设计过程也需要得到心理学的解释。因此,研究者认为,"设计心理学所研究的是设计师在设计活动中以特殊形式表现出来的一般心理规律。对设计活动中一般心理规律和行为表现的研究,构成了设计心理学研究的基本内涵之一"。国外已经开始对设计师的心理进行一定的分析研究,相比之下,我国对这一方面的研究还是相当薄弱。

与其他心理学研究类似,设计心理学的研究仅能凭借与设计活动相关的主体的外显行为和现象来推测其心理机制。设计艺术活动中的主体类型多样,但其中最主要的是上面提到的两个主体:设计目标主体(消费者和目标用户)与设计主体(设计师)。消费者和设计师都是具有主观意识和自主思维的个体,都以不同的心理过程影响和决定着设计。一方面,设计师在创作中必然受其知识背景、生活经历及外部环境的影响,即使在同样的约束条件下也会产生不同的创意,使设计结果大相径庭。所以,设计心理学尝试着从心理学的角度研究设计师在设计过程中所产生的各种心理现象,研究如何激发设计师的创造潜能及如何获取和运用有效的设计参数。另一方面,设计的形态、使用方式及文化内涵必须符合消费者的要求,设计才可能获得消费者的认同和良好的市场效应。为避免设计走进误区和陷入困境,就必须从消费者和目标用户的心理角度予以分析、研究和指导。因此,设计心理学还有一个重要的内容就是消费者心理学,它主要研究消费者如何解读设计信息,以及在购买和使用商品过程中影响消费者决策的、可以由设计来调整的诸多因素。

由以上分析可知,设计心理学的研究对象是设计主体(设计师)与设计目标主体(消费者和目标用户),通过对研究对象的外显行为进行研究以揭示其心理变化规律。从设计主体的角度看,包括了以创造为核心的一系列设计行为;从设计目标主体的角度看,包括用户选择、购买、持有、使用及鉴赏这一系列消费过程中的全部心理行为。

第二节　设计心理学的研究背景和意义 〈〈

　　虽然设计心理学作为一门独立的学科研究才刚刚起步,但是人类在造物的过程中考虑人的心理感受却是由来已久的。我们从古代一些磨制精良、造型匀称的石器上就可以看出来,我们的祖先已经在有意无意地考虑人使用物品的心理感受了,不仅考虑如何使用方便,还涉及审美心理和社会文化心理。人类几千年文明史中,无数巧夺天工的工艺品都展现了古代艺人对人们身心需求的关心,虽然他们并不知道设计心理学,但是他们的许多设计法则在现在看来都属于设计心理学的研究范畴。

　　例如,中国古代传统纹样是中国古代设计中的瑰宝,它不是以单纯的装饰性为主导,而是具有形与意的双重属性,追求形式与内容的高度统一。在形的方面,中国传统纹样注重形的完整性和装饰性,关注形与形的穿插、礼让、呼应,追求对称格式,创造出变换的、动感的双关效果。中国传统纹样的另外一个特色就是意,用具体的事物表达抽象的寓意和感情色彩,若表达吉祥寓意,往往还会取个吉祥的名字来寄托这种寓意。如图1-1所示的蝙蝠纹,在汉语中"蝠"与"福"谐音,寓意多福多寿,表达了人们对幸福生活的热切渴望和美好追求。可见,古人通过美的形式,传达了福的意境,符合中华民族最淳朴的生命意识和心理需求。

　　又如,汉代的长信宫灯,精巧的设计可以将灯烟吸到灯腔中,极大地减少了灯烟对人体的危害,充分地考虑了设计中"人"的因素,如图1-2所示。再如,清代李渔曾经在《闲情偶寄》中论述了服饰色彩带给人的心理感受,如"面颜近白者,衣色可深可浅;其近墨者,则不宜浅而独宜深,浅者愈彰其黑矣",这就是在服饰设计中暗含了色彩心理学的理论。国外的例子也是数不胜数。哥特式教堂高直的造型,营造了庄严、神秘的宗教氛围,这就是运用设计来影响主体的心理体验;古希腊人在建筑中对比例和尺度的严格要求,显示了他们在有意识地运用人的审美心理来设计和造物。这些设计对心理学的运用都是古代的能工巧匠们通过日常生活、工作的亲身体验而产生的自发性的经验总结,从一个侧面向我们说明了把握心理特征对于设计的重要作用。

图1-1　蝙蝠纹

图1-2　汉代长信宫灯

一、设计心理学的研究背景

　　在科技日益发达的今天,人类造物能力不断增强,一方面为设计心理学的发展创造了条件,另一方面也对其发展提出了迫切的要求。

1.消费社会的设计

　　设计是有目的的创造性活动,从本质上说,是一种社会性的工作。设计师和艺术家不同的是,艺术家通常是表现个人的主观感受,因而常常是曲高和寡;而设计师却因其设计的产品、服装、广告、环境艺术设计等深入生活而具有广泛的社会影响力,消费者的衣食住行无不受到设计的影响。可见,设计是为大众服务的。尤其现在是大众消费的时代,设计又具有了更多的内容,因为它所面对的是更具有选择能力的消费者。从消费者的界定上看,消费者既是设计的使用者,又是鉴赏、选择和审美者。消费者是消费社会的主体,是设计实现其审美价值和使用价值的终端。

消费社会最先产生在欧美的发达国家,消费社会是一个被物所包围,并以物的大规模消费为特征的社会。第二次世界大战之后,科学技术迅速发展,物质生产效率急速提高,大批量生产导致产品品种、数量剧增,社会进入物质丰裕时期,大批量的商品生产必然带动大量的消费。在消费社会中,不仅社会经济结构发生转变,且社会文化结构也在整体上产生了巨大变化。作为一种全球性的文化,消费以形象吸引大众、以制造需要为主要内容,消费已经成为当今社会最重要的行为之一。

在消费社会中,设计显得尤为重要。首先,消费是设计的消费。一方面,设计是物的创造,消费者直接消费的是物质化的设计;另一方面,消费也不能简单地理解为对物的使用价值的消费,而应视为对符号的消费。法国学者罗兰·巴特认为,设计的对象及其形象不仅仅代表设计的基本功能,同时还带有隐喻的意义,起着符号的作用。

其次,现在的消费者不仅关注设计的使用价值,而且更多地关注设计的文化意义、符号属性、审美价值,设计提供给人们更多的是情感体验和梦想实现。在消费社会中,人们被设计师引导,精心选择物品,可以从中获得满足并体现自己的个性。因此,我们发现,消费者在选择商品的时候,使用价值成为一个必要非充分的条件,真正使消费者选择商品的要素还包括商品的外观、广告、品牌、包装、展示等。德国学者 W. F. 豪指出,"商品外观的生产在西方发达国家构成了一门专门的技术,它生产出完全独立于商品物质躯体的'第二层皮'——这层美丽的包装并不仅仅是简单地为了在运输过程中保护商品,而是它的真正外观,它替代商品的躯体,首先呈现在潜在消费者的眼前"。商品的包装设计实例见附图1。设计为消费服务,除了设计生产的目的是为了消费之外,还体现在设计可以帮助商品实现消费,促进商品流通。

再次,设计创造消费。设计可以扩大人们的消费欲望,从而创造出远远超过实际需要的消费欲望。例如,美国通用汽车公司提出"有计划废止制度",按照他们的主张,在设计新的汽车式样的时候,就必须考虑以后几年内不断地有计划地更换部分设计。使汽车的式样最少每 2 年有一次小的变化,每 3~4 年有一次大的变化,形成一个有计划的商品老化过程。这种制度创造了庞大的市场,促进了消费,也带来了巨额的利润。

由此可见,设计是用消费的方式来满足社会大众的各种需要的。今天,西方强大的经济基础和强势文化输出使消费文化不再是西方社会特有的社会文化现象,而是作为一种生活方式波及全球。20 世纪 90 年代以后,随着改革开放的深入、物质文明的繁荣,中国式的消费社会正在显现。但是和西方相比,中国社会各阶层还没有形成稳定的消费文化,流行风尚倾向于从众及群体领袖的影响,并且具有明显的追随国外消费趋向、"哈韩哈日"、崇尚欧美等特点。中国消费者的这些特点使许多中国设计师更愿意去模仿国外的成熟设计、一味追随国外设计,因此中国设计在国际市场中总是处于"落后半拍"的地位。

2. 信息社会的设计

21 世纪,人类社会进入了信息时代,我们赖以生存的环境处处呈现出数字化和信息化的特征,计算机和信息技术的飞速发展正从本质上改变着我们的生活方式,人们的心理和行为也随着生存环境的数字化而发生着深刻的变化,表现出新的特征。在这样的大背景下,艺术设计在内容和方法上都将不同于以往任何时候,它要求每一个设计师根据信息社会人们的心理和行为特征来探索新的设计策略。所以,信息社会的来临是今天的艺术设计所面临的重要机遇和挑战。

近在咫尺,远在天涯,是信息社会的最佳写照。信息社会人与人之间的交往体现为信息传递与信息共享,并且信息量的需求与流动随着信息化程度的加深而日益变得纷繁复杂。不管是在家庭、饭店、办公室,还是在广场、公园,人们每时每刻都要从周围环境中获取信息。因此,从个人和社会需要来看,人际距离是趋于缩短的。但是,数字技术的通信手段又使信息的传递不需要直接的面对面的人际交往,电视、网络、多媒体成了信息交流的理想界面,甚至网络技术可以制造出虚拟现实,人们只需在个人空间范围内就可顺利地完成信息的交流和共享,因此科技的进步客观上使人际距离增大、人际关系疏远。信息社会的艺术设计应当考虑如何解决好这一矛盾。

高科技产品和100年前当时最新的机器产品一样,没有固定的式样和风格。今天的高科技产品可能只是一个芯片,以前机器产品所遵循的"形式追随功能"的设计思想有时失去了可以参考的标准。正如米兰理工大学 Ezio Manzini 教授所说,"在智能产品身上,我们只能看到果而看不到因",为此他提出,"高科技产品也需要一个表面或是一种皮肤,在这种皮肤上仍然需要充斥情感和符号的张力"。高科技产品应该以何种面貌示人,成为信息社会的艺术设计和艺术实践共同关注的焦点。我们看到,信息社会使设计更大程度地摆脱了技术及生产可能性的制约,对人的关注被提到最前列,这种关注涉及人的方方面面,包括需要、情感、效率、体验等。设计师肩负这样的责任,即用艺术化设计的高级情感去弥补人们在高科技社会环境下人际关系的疏离,安抚心灵深处的孤寂,平衡人和人为环境与自然环境之间的对立,减少功能复杂、信息过载的人造物与人性之间的裂痕。

3. 设计的多元化发展

经过第二次世界大战后十多年的恢复、调整和发展,到20世纪60年代,世界经济进入了普遍繁荣的阶段。这种繁荣一方面表现在社会商品的大幅度增加及工业产品出现的相对剩余上。社会物质财富的膨胀,使人们提高了对精神审美的要求。然而现代主义设计师追求的一直是"功能第一、形式第二",要求造型简单,反对甚至抛弃装饰,因此现代主义设计开始受到质疑,甚至否定。另一方面,经济繁荣还表现在科学技术不断发展,建立在新材料、新技术基础上的产品更新换代的速度加快。这种变化,不仅给现代主义设计理念提出了新的挑战,而且要求设计师在确定设计方案的过程中,必须更多地注意设计最后物态化的表现手段与方式。此时的现代主义设计经过三四十年代的发展与成熟,形成了席卷全球的千篇一律的国际风格,于是人们开始质疑理性主义和科学的绝对权威,开始试图寻找新的与社会发展相适应的设计理念和设计手法。曾经一统天下的现代主义设计重功能、少装饰、严谨、冷漠的设计风格不断受到冲击,波普设计、激进设计、后现代主义设计、解构主义设计等纷纷登台,世界设计进入了多元化发展的新阶段。后现代主义设计实例如附图2所示。

这种复杂的多元的设计背景一方面为设计提供了更大的可能性和创意空间,另一方面也对设计师提出了更高的要求。设计师不仅仅提供产品必要的功能和外形设计,也不只是简单地美化和装饰产品,还要使人造物更贴近人们的情感、生活和多样性的需要。

在此背景要求下,设计艺术领域的学者、设计师认识到了设计的最终对象——人的重要性。从这个意义上来看,设计师应该是消费者的代言人,设计应该基于对人的理解,是关于人的设计。心理学正是关于人的学科,是研究人的心理现象和造成这些心理现象的原因的学科。而掌握了与设计相关的心理规律能使我们有效地捕捉消费者的心理,发现设计的关键问题和创新点,从而对设计进行有效的调整和改进。

二、设计心理学的研究意义

我们一般看到户外的公共坐椅是可以坐三个人的,但是因为人心理上社交距离的存在,通常在坐椅的两端分别坐着一个人。设计师使用两种颜色来简单地区分三个座位,就解决了问题。这是利用设计心理学原理解决设计中实际生活问题的典型案例。这个案例说明设计心理学并不是什么高深莫测、枯燥乏味的理论研究,它研究的是日常生活中随处可见却被我们忽略了的道理,这些道理一旦被运用在设计实践中,就能帮助设计师更充分地考虑设计中遇到的问题,能为消费者提供更合理、有效、适宜的解决方案。因此,研究人的心理现象和行为的设计心理学具有以下几点非常重要的意义。

第一,设计心理学是设计艺术学理论框架中的一个重要组成部分,它从心理学的角度对现代设计活动中的设计师、使用者的心理现象进行科学分析,并研究设计艺术活动中各种心理现象的发生、发展、相互联系及表现的特征与规律。所以,研究设计心理学能深入拓展设计艺术学的研究,为我国从"制造大国"向"设计大国"转型而奠定理论和学科发展基础。另外,设计心理学对于设计教育和设计管理也具有重要的作用:能帮助设计教育工作者设计出有效的培养方案;帮助学生更好地掌握设计知识;还有助于设计管理者有效地组织设计活动,管理设计开发流程和设计组织。

第二,设计心理学能帮助主体通过科学、系统的研究方法正确认识人与物之间的关系,从而增进设计的可用性;在满足消费者基本需求的基础上,帮助消费者与设计建立感情,更多地关注消费者的心理需求。如图1-3所示的懒人茶壶,烧开水的过程和一般的茶壶没有任何区别,但这个设计的特别之处就在于,倒水的时候不需要把水壶提起来,只要沿着底座的造型倾斜,水就可以自然地流出来了,可以说这是一个非常温馨的设计。可见,设计心理学运用在设计实践中,更好地实现了人和物之间的"交流",可以从使用者的角度出发去诠释设计,使产品设计更具个性化,更适合人使用,实现了物的功能价值,满足了人的心理需求,最终更好地服务于消费者。

（a）

（b）

图 1-3　懒人茶壶
（a）烧水；（b）倒水

第三,能帮助主体加深对设计评价、理解、鉴赏的能力,从更深的层面上来理解每件设计的本质和意义。例如有些设计使人赏心悦目,有些设计使人忍俊不禁,这样,不论是设计的主体还是设计的一般使用者对于设计的理解都更趋于科学、全面、立体。如附图3所示的一款桌子,通过独特的外形、材质和结构使得整个桌子看起来非常像是一张刚刚刷过油漆的桌子正在不停地向下滴着红油漆。设计师希望通过这种形式来表达一种浪漫的感觉和对生活的热情。可见,成功地运用设计心理学,设计师可以将设计触角伸向人的心灵深处,通过富有隐语色彩和审美情调的设计,给产品赋予更多的意义,让消费者心领神会且倍感亲切。

第四,通过对用户心理的研究,设计师能更好地迎接跨文化、多样性市场需要的挑战,针对目标市场设计出更加适销对路的产品;或者制订更加适当的宣传、推广和促销手段,提高企业的市场竞争力。比如一个有趣的例子,美国McCann-Erickson公司因灭虫碟销售效果不佳,于是利用投射法,将其与蟑螂喷雾剂进行用户心理分析比较。研究者让一些家庭主妇绘制捕杀蟑螂的过程,从而发现生活在下层的家庭主妇之所以喜欢选用蟑螂喷雾剂,而不选用实际效果更好的灭虫碟,原因在于她们把蟑螂看成是男性的象征(她们绘制的蟑螂都是雄性的),她们认为男性是造成她们生活不幸福的主要因素,因此期望用更加直接的方式消灭蟑螂,蟑螂喷雾剂能满足她们的控制欲。在这个案例中,心理学研究就揭示了目标用户的真实动机,有助于产品推广方式的改进和选择更合适的宣传定位。

第三节　设计心理学的研究方法

传统消费观关注的是物,只要能够充分发挥物质效能的设计就是好的设计。现代消费观越来越关注人,对设计的要求和限制越来越多,人成为设计最主要的决定因素,人们不仅要求获得商品的物质效能,而且迫切要求满足心理需求。设计越向高深的层次发展,就越需要设计心理学的理论支持。而设计心理学作为应用心理学的一个分支学科,研究的方法和手段还不成熟,主要还是利用和沿用了心理学的一般研究方法和范式,但是由于研究者、研究对象、研究目的等的特定性,其研究方法又具有一定的特殊性。首先,设计心理学研究的不是单纯的心理学基础理论,而是更侧重于心理学在设计及相关领域中的运用。其次,研究设计心理学的目的是为了帮助设计师更好地设计,使设计的成果更好地为人服务。最后,设计心理学的研究者必须同时掌握心理学和设计艺术学两个领域的知识,才能有效地运用设计心理学来解决设计实践中的具体问题。

由于这些特殊性,设计心理学的研究方法主要归纳为以下几种。

一、观察法

观察法是心理学研究的基本方法之一,观察法是在自然条件下,研究者依靠自己的感官和观察工具,有计划、有目的地对特定对象进行观察以获取科学事实的方法。例如,为了评估商店橱窗设计的效果,可以在橱窗设计布置好之后的一定时间段内,观察在橱窗前停留观看的人数,通过观察数据来说明橱窗设计的效果。英国的芬域(Fenwick)百货公司每年都会在圣诞节前后的一个月时间内,将橱窗的主题更换为"圣诞节主题",然后用观察法来研究最吸引消费者的主题布置,通过橱窗设计来吸引大量的消费者进入商场消费。

按照实施原则的不同,观察法可以按以下几种方式分类。

(1) 控制观察和自然观察   控制观察是指将被观察者置于特定的人为控制之下进行的观察,因此被观察者的行为可能与真实状态不一致,典型的控制观察就是实验观察。为了使被观察者的行为尽可能接近自然状态,应该使观察场景尽可能自然。例如有学者在研究设计师的设计过程时就使用了这种方法,即在一个封闭的空间中安装监视设备,要求设计师在一定时间内对一个特定的课题进行设计,研究者通过对他的行为进行观察来收集设计师设计过程的信息。自然观察是对处于自然状态下的人的活动进行观察,被观察者并没有意识到自己正在被观察,因此观察到的情形比较真实。

(2) 直接观察和仪器观察   直接观察是研究人员亲自在现场观察发生的情形以搜集信息。仪器观察是利用电子、机械仪器来观察,例如在感性工学研究中,为了测定顾客对设计外观的感受,研究者使用了"眼动照相机"来观察用户瞳孔的变化。一般而言,仪器观察比直接观察更加精确、易于控制,但灵活度有所欠缺。

(3) 参与观察和非参与观察   参与观察是指观察者亲身介入到研究对象的活动情境中,对其中的对象进行观察;而非参与观察是观察者以局外人的身份进行观察。

观察法的优点是可以从大量客观事实中获得自然、真实的资料,简便易行、花费低廉,并且具有及时性,能捕捉到正在发生的事件。观察法的缺点是需要被动地等待,事件发生了也只能观察怎样从事活动,并不能得到为什么会从事这样的活动的原因;观察法还会因观察者水平的不同而带上主观感情色彩。总之,观察法最大的局限在于只能观察到被观察者的表情和言行,而没有办法获取出现该种表情和言行的原因,因此,必须结合其他的方法,才能进一步总结出被观察者的心理变化和规律。

二、实验法

实验法是在控制条件下对某种心理现象进行观测的方法,它的主要观念来源于自然科学的实验室研究方法。1879 年,德国心理学家冯特在德国莱比锡建立了世界上第一个心理学实验室,这标志着心理学摆脱了哲学的束缚,成为一门独立的学科。

实验法是指在严格控制或设置一定条件的环境中,有目的地诱发被试产生某种心理现象,从而进行研究的方法。实验法的优点是可以有效地排除和控制干扰因素、无关因素对实验结果的影响,更加清楚地发现被试的变化和反应;还可以根据研究者的需要,主动地引起被试的变化,甚至可以设立条件诱发出被试在实际生活中不存在的变化。实验法也有不足之处,即对于人的情感、意识等心理因素的测试还没有准确的实验方法,往往很难按被试的实际情况来设计实验条件,实验结果和客观实际之间存在误差。

三、问卷法

问卷法是指以书面形式向被问者提出若干问题,并要求被问者以书面或口头的形式回答问题,从而搜集资料来进行研究的一种方法。问卷法的优点是不受人数限制,可以在较大的空间范围内使用,能在较短的时间内搜集到大量的数据。问卷法的缺点是不容易把握问卷结果的真实性和可靠性,其结果尤其容易受到被问者文化水平和认真程度的限制。另外,如果问卷的问题设置得不合适,往往只能得到表面的东西,要想深入了解还需要和其他方法配合使用。

问卷分为结构问卷和非结构问卷。结构问卷是指对问题的答案范围加以限定,被问者只能在限定的范围内选择答案的问卷;非结构问卷则是指不限定答案范围,被问者可以按照自己对问题的理解而自由回答的问卷。其中,结构问卷占用时间少,结果标准化,易于统计计算;非结构问卷可以充分发挥被问者的主动性,结果可信度较高,易于定性分析。

问卷设计是否有效非常重要。一般而言,很难一次性设计出最合适的问卷。当研究者对于设计问卷有疑虑的时候,可以先进行 20～50 人的预问卷调查,一方面了解被问者对于问卷的真实感受,另一方面可以通过预问卷所搜集的数据进行初步分析,制订未来的统计方法,以修改问卷中的不足之处。

例如,为了了解手机在大学生中的普及情况、使用效果及消费情况,掌握手机在大学的销售情况和市场前景,特制订如下问卷调查表。

大学生手机市场问卷调查表

同学,您好:

为了了解在校大学生对手机消费的需求,特开展此次调查活动,希望您能抽出宝贵的时间完成这份问卷调查。

1. 您的性别是(　　)。
   A. 男　　　　　　　　　B. 女

2. 您所在年级是(　　)。
   A. 大一　　　　　　　　B. 大二　　　　　　　　C. 大三
   D. 大四　　　　　　　　E. 大四以上

3. 您每月的生活费为(　　)。
   A. 300 元以下　　　　　B. 300～600 元　　　　 C. 600～800 元
   D. 800～1 000 元　　　 E. 1 000 元以上

4. 您现在拥有手机吗?(　　)
   A. 有　　　　　　　　　B. 没有

5. 提到手机,您脑海里出现的第一个品牌是(　　)。
   A. 诺基亚　　　　　　　B. 摩托罗拉　　　　　　C. 三星　　　　　　　　D. 索尼爱立信
   E. 西门子　　　　　　　F. 波导　　　　　　　　G. 海尔　　　　　　　　H. 康佳
   I. 联想　　　　　　　　J. 夏新　　　　　　　　K. 其他

6. 您现在使用的手机品牌是(　　)。
   A. 诺基亚　　　　　　　B. 摩托罗拉　　　　　　C. 三星　　　　　　　　D. 索尼爱立信
   E. 西门子　　　　　　　F. 波导　　　　　　　　G. 海尔　　　　　　　　H. 康佳
   I. 联想　　　　　　　　J. 夏新　　　　　　　　K. 其他

7. 您正在使用的手机款式是(　　)。
   A. 普通　　　　　　　　B. 折叠　　　　　　　　C. 触摸
   D. 带 MP3 功能　　　　 E. 带数码相机功能

8. 您认为手机应该分为男性手机和女性手机吗?(　　)
   A. 应该　　　　　　　　B. 不应该　　　　　　　C. 无所谓

9. 您一般多久更换一次手机?(　　)
   A. 半年　　　　　　　　B. 一年　　　　　　　　C. 两年
   D. 坏了才换　　　　　　E. 新款上市就换

10. 您对手机的要求比较注重什么?(可多选)(　　)
    A. 质量　　　　　　　　B. 价格　　　　　　　　C. 外观款式　　　　　　D. 功能
    E. 品牌　　　　　　　　F. 其他

11. 您认为合适的手机价位是多少?(　　)
    A. 1 000 元以下　　　　B. 1 000～1 500 元　　 C. 1 500～2 000 元
    D. 2 000～2 500 元　　 E. 2 500～3 000 元　　 F. 3 000 元以上

12. 您更换过几次手机?(　　)
    A. 一次　　　　　　　　B. 两次　　　　　　　　C. 三次
    D. 三次以上　　　　　　E. 无

13. 您对手机的颜色有要求吗?(　　)
    A. 有　　　　　　　　　B. 没有　　　　　　　　C. 无所谓

以上就是本问卷调查表的全部问题,再次感谢您的参与!

通过对某高校100名大学生所做的问卷调查,得出大学生使用手机的基本情况和特点:①大学生在选择手机时,考虑的主要因素是手机质量,有这种考虑的学生占总人数的81.7%,大多数大学生认为手机是日常的通信工具,如果质量不好,将会带来极大的不便;②大学生是价格的敏感者,从调查中可以看出,大学生的接受价格主要在1 000~1 500元;③部分大学生对外观款式要求较高,女生和男生相比,女生比较注重手机的颜色,手机厂商不断地推出新款在很大程度上可以迎合这部分学生的需求。

学会设计问卷对于设计心理学研究非常重要,问卷设计一般应遵循如下原则。

(1) 应从用户最关心、最有兴趣但又不带威胁性的问题入手。例如先问人们是否曾使用过某种产品或设计,使他们的兴趣先转向与之相关的内容。

(2) 把敏感性、威胁性的问题及用户的个人资料问题放在最后,这样可以避免被问者出现防卫心理而拒绝作答或中断作答。

(3) 问卷应该精炼有效,减少那些通过资料检索便可获得答案的问题;问卷不宜太长,街头拦访的时间不应超出20分钟。

(4) 在问卷用词上,首先,措辞必须清楚,避免出现含糊的语言;其次,应避免使用术语;最后,要避免使用具有引导性的问题。

四、焦点小组法

焦点小组法通常由6~16位受访者和一位主持人组成一个小组,集中对设计或其他主题进行讨论。研究人员应该使受访者充分详尽地表达对该主题的动机、想法、态度、需要和情感体验,从而进行研究。目前,大多数广告公司、市场调研公司都使用这一方式进行用户心理调研。

例如,博士伦公司曾经就几种软性隐形眼镜护理液的包装设计进行市场调查。博士伦公司成立了一个中心小组,首先向小组成员展示了一系列现有公司产品和竞争对手产品,然后再考察他们的反应。最后,通过整理得到了一系列的信息:蓝色和绿色的底色具有最佳的品牌联想;产品介绍使用数字来说明热量和化学成分的方式令人困惑,应该改为更为明确的文字描述等。这些信息指导设计者进一步修改了设计方案,完善了产品的包装设计。

在焦点小组法中,需要重视的问题是:①选择能使小组成员保持心情放松、注意力集中的环境;②寻找合适的受访者;③安排具有良好访谈技巧的主持人。

五、深度访谈法

深度访谈法是指由专业访谈者与受访者进行一对一的、较长时间的、详细的会谈,有技巧地诱导受访者谈论某主题,从而了解受访者的动机、想法、态度、需要和情感体验,从而进行分析的方法。这种方式对访谈者的访谈技巧要求很高,访谈者必须注意受访者的语言、情绪、手势和身体语言等可以传递其心理活动的所有信息。

六、投射法

投射法最先来源于临床心理学,认为在人的意识之外存在着难以察觉的无意识,其目的是研究隐藏在表面反应下的真实心理,获取被试真实的情感、意图、动机和需要等。因此,投射法经常给被试提供一种无限制的、模糊的情景或刺激,让被试充分发挥想象力,将想法和态度投射出来,绕过其心理防御机制,透露其内心真实情感。常用的投射法包括角色扮演法、词语联想法、故事完型法、绘图法、示意图法、造句法等。

例如,雀巢咖啡将新开发的速溶咖啡投放市场的时候,将省时省事作为速溶咖啡的卖点,却在市场上受到了冷遇。为了调查咖啡滞销的原因,雀巢厂商聘请了美国加利福尼亚大学心理学家海尔对这一问题进行研究。海尔设计了两张购物单,购物单上各有7件要购买的商品,两张购物单唯一的不同就是一张要购买速溶咖啡,一张则要购买新鲜咖啡。然后告诉被试购物单是一位家庭主妇制订的,请被试根据购物单想象这位家庭主妇是怎样的人。被试中几乎有一半的人认为购买速溶咖啡的人是懒惰的、邋遢的、生活没有计划性的,还有的被试认为她是挥霍浪费的。可见,投射实验可以让消费者在不知不觉中暴露内心的真实想法。

七、仪器测量法

仪器测量法是指运用仪器记录和测试主体的外在行为,通过分析外在行为来研究其背后心理机制的方法。常用的仪器包括眼动仪、脑电图仪和虚拟现实设备等。使用仪器研究可以保证研究结果的客观性、真实性,还可以反复检验。因此,仪器测量法受到了设计心理学领域学者的广泛关注。

近年来,设计心理学研究中常用的测试仪器是眼动仪。首先使用视线追踪装置,将被试的眼动轨迹记录下来;再通过分析记录数据,判断被试对设计的注意程度及所关注的部分、时间等;最后以此为依据对原设计提出修改建议。早在 20 世纪 20 年代,国外学者就已经开始通过简易的眼动仪来研究广告心理,他们通过对读者阅读杂志广告的眼动情况进行分析,发现大多数读者会先阅读广告的标题,其次是图案,最后才是文字说明。1969 年,日本电通公司使用仪器测量法对佳能相机的广告进行了研究,结果表明,受众很少注意广告的正文,而更注意广告的插图,尤其偏爱彩色的、面积较大的广告。

第二章

设计与感觉、知觉

第一节　感觉

第二节　视觉

第三节　色觉

第四节　其他感觉

第五节　知觉

设计产品能在人的内心产生映射，从而使人产生愉悦的美的感受，均源于人能够感觉和知觉到设计，并对设计传达的信息产生共鸣，我们甚至可以说感觉和知觉是一切设计心理的基础。

设计心理的产生是一系列感觉和知觉在人体建立的反应机制，这种机制是在主客观长期作用下产生的。设计心理反应机制的一头连着自然和社会。在这里有直观感受、视觉经验、心理适应，以及知识观念上的心理积累。心理反应包括自然属性和社会属性，一方面是自然属性通过视觉反应而产生作用；另一方面是政治、经济、文化等因素构成的社会心理反应。这两方面的心理反应机制就像酿酒装置，通过自身的温度和催化作用酿成美酒。人的阅历、体验、性情、欲望就是心理催化剂，这就是心理反应机制的基本结构和性质。同时，设计心理反应机制的另一头连着艺术。这里有心理动机、需求对艺术的要求，也有复杂的心理积淀对艺术的能动反应。根据不同的心理反应来判断艺术设计性质、检验艺术设计效果、调整艺术设计的关系，这就是设计心理反应机制的作用，这样可以避免出现以观念来验证艺术的随意性，观念不是任意打扮艺术的化妆品、整容术或恶搞术。设计心理学通过感觉和知觉所建立的心理反应机制可以成为检验艺术设计效应的心理尺度，也是艺术设计研究的可靠依据。

在设计心理中，感觉和知觉的双向联系促成了人对设计的整体感受，设计师通过感觉和知觉搜集素材，通过专业知识使其发酵并与思维的火花相结合产生创意，这个过程是将人的心理变成输入原料且输出成品的集散地，输入的视觉信息通过存储、吸取和加工改造，输出为设计表现。

同样，我们的设计要真正被受众所接受，最直观的途径便是感觉和知觉。设计受众一般是从感觉上，即从视觉、听觉、触觉等方面感知设计带来的效果。这些感觉产生联动行为，与设计受众的主观感受、主观经验、个性心理、审美情绪等结合，便会产生对该设计的整体感受，即知觉。设计受众知觉到的设计的好坏是衡量设计成败的重要因素之一，所以我们研究感觉、知觉，以设计心理为切入点，力争使设计能最大限度地刺激设计受众的审美感觉和知觉，创造美好的设计体验。

第一节　感觉

一、什么是感觉

感觉是指人脑对直接作用于感觉器官的客观事物的个别属性的反映。例如，面前有一杯咖啡，鼻子闻到了咖啡的香味，眼睛看到了装咖啡的杯子，手触摸到了咖啡杯，嘴尝到了咖啡。物体的这些个别属性通过感觉器官作用于人脑，在人脑中引起的心理活动就是感觉。

人类在生存的过程中时刻都在感知自身存在的外部环境，感觉就是客观事物的各种特征和属性通过刺激人的不同的感觉器官引起兴奋，经神经传导反映到大脑皮质的神经中枢，从而产生的反应。而感觉的综合就形成了人对这一事物的认识及评价。

感觉是思维的起点。感觉是思维的绝对前提，无论是理性思维还是艺术思维。思维的运转，依赖于提供经验材料的感觉。没有感觉，就没有经验材料；而没有经验材料，思维的运转也就失去了推动力。没有感觉，就没有颜色、声音、温度、气味、时间和空间，甚至可以说就没有人类的文明史。细究起来，人类的今天，以及今天这样一个世界，所有的一切，从某种意义上说，都来源于感觉。

1.感觉的特点

感觉通常有如下特点。

（1）感觉反映的是当前直接接触到的客观事物，而不是过去的或间接的事物。由于感觉是对当前事物的反映，因此，记忆中再现的事物属性的印象及幻觉中各种类似于感觉的体验等都不是感觉。有学者认为数码艺术给人的光怪陆离的印象或玻璃材质在光的作用下产生的绚丽美景等不属于感觉，它们都是对艺术设计感觉理解不到位。

（2）感觉反映的是客观事物的各个属性，而不是事物的整体。通过感觉我们只能知道事物的声、形、色等个别属性，还不能把这些属性整合起来整体地反映客观事物，也还不知道事物的意义。所以，对客观事物的整体反映及对其意义的揭露是比感觉更高级的心理过程，然而一切较高级、较复杂的心理现象都必须在感觉的基础上产生。

（3）感觉是客观内容和主观形式的统一。从感觉的对象和内容来看，它是客观的，即它是反映不依赖于人的意识而独立存在的客观事物；从感觉的形式和表现看，它又是主观的，即它是在一定的主体上形成、表现和存在着的，人的任何感觉，都受个性、经验、知识及身体状况等主体因素的影响。由此可见，感觉是以客观事物为源泉，以主观解释为表现方式的结果，是主、客观联系的重要渠道，是客观事物的主观印象。例如，同样是玉，中国人和西方人的感觉会相差巨大，这是因为玉在中国人传统观念中并不仅仅是客观的矿石一块，而是承载了"德性"主观感受的整体感觉。

2.感觉的生理机制

感觉是通过觉察声、光、热、气味等各种不同形式的外界能量来收集外界的信息的。眼睛看光线、耳朵听声音等，任何感觉的作用都在于收集信息并提供给大脑以进行进一步的加工。不同的感觉虽然收集的信息不同，产生的机构不同，但作为一个加工系统，感觉活动基本上包括以下几个环节。

产生感觉的第一步是收集信息。感觉活动的第二步是转换，即把进入的能量转换为神经冲动，这是产生感觉的关键环节，其转换机构称为感受器（receptor）。不同的感受器的神经细胞是专门化的，它们只对某一种特定形式的能量发生反应。感觉活动的第三步是感受器传出的神经冲动通过传入神经的传导，将信息传到大脑皮质，并在复杂的神经网络传递过程中，对传入的信息进行有选择的加工。最后，在大脑皮质的感觉中枢区域，信息被加工为人们所体验到的具有各种不同性质和强度的感觉。

根据感觉反映事物的各种属性和特点的不同，可以把感觉分为以下两大类。

（1）外部感觉，包括视觉、听觉、嗅觉、味觉、肤觉（温觉、冷觉、触觉和痛觉）。

（2）内部感觉，即接受机体本身的刺激，反映自身的位置运动和内脏器官不同状态的感觉。包括运动觉（身体的位置变化和运动，如闭眼，两个食指接触、后背挠痒等）、平衡觉（头部运动的速率和方向，如转圈再行走、体操表演、晕车、晕船、宇航员失重等）、机体觉（内脏的活动和变化，如身体疲劳、饥渴和内脏器官活动不正常等）。

3.感觉的意义

感觉的意义在于以下几点。

（1）感觉是人认识客观世界的开端，是人的认识过程的初级阶段。

（2）感觉是各种高级、复杂心理活动的基础。没有感觉和知觉，外部刺激就不可能进入人脑，人也不可能产生记忆思维、想象、情感等多种心理活动。

（3）感觉是维持和调节正常心理活动的重要因素。1954年，加拿大麦克吉尔大学的心理学家首先进行了"感觉剥夺"实验：给被试戴上半透明的护目镜，使其难以产生视觉；用空气调节器发出的单调声音限制其听觉；手臂戴上纸筒套袖和手套，腿脚用夹板固定，限制其触觉。被试单独留在实验室里，几小时后开始感到恐慌，进而产生幻觉。在实验室连续待了三四天后，被试会产生许多病理心理现象，例如：出现错觉幻觉，注意力涣散，思维迟钝，情绪紧张、焦虑、恐惧等。实验后需数日才能恢复正常。这个实验（当然这种非人道的实验现在已经被禁止了）表明，大脑的发育、人的成长是建立在与外界环境广泛接触的基础之上的。

综上所述，就设计而言，创造是人的体力和智力都处在高度紧张状态下的有益的创新活动。而人的全部体力和智力从松弛状态转入高度紧张状态，需要给予适度的刺激。缺乏刺激的环境，就培养不出杰出的创造型人才。在没有刺激因素的环境中长期生活，人的意志就会衰退，智慧就会枯竭，理想就会丧失，才能就会退化。只有经常给予适度的刺激，才能激发起人的事业心、责任感和惊人的毅力。因此，对不同的人分别给予适合、适度的刺激，是充分发掘他们创造力的一种有效方法。

二、感觉的测量

感觉的测量是说明心理量和物理量之间的对应关系的,这种对心理内容的量的说明,是心理学研究的主要内容之一。感觉的测量主要是感受性和感觉阈限两个指标。感觉总是由外界物理量引起的,物理量的存在及它的变化是感觉产生和发生变化的重要条件。研究物理量和心理量之间的关系的科学称为心理物理学,是早期心理学研究的一个重要领域,它所提出的一些规律至今仍在实践领域中起很大作用。

1.感受性

心理量与物理量之间的关系是用感受性的大小来说明的。感受性是指人对刺激物的感觉能力。不同的人对刺激的感受性是不同的。检验感受性大小的基本指标称为感觉阈限,感觉阈限是人感到某个刺激存在或刺激发生变化所需刺激强度的临界值。感觉阈限与感受性的大小成反比关系。感觉阈限又分为绝对感觉阈限和差别感觉阈限。

2.绝对感觉阈限

绝对感觉阈限指最小可觉察的刺激量,即光、声、压力或其他物理量刚刚能引起觉察的感觉所需的最小数量。感觉阈限越低,感受性越高。不同的人感觉能力不同,即人们的感受性有很大差异,实践证明它能通过训练而改变。绝对感觉阈限是有50%的机会被觉察的最小刺激量。表2-1显示了早期心理物理学家研究总结得出的一般人的各种感觉的绝对感觉阈限。

表 2-1　人类各种感觉的绝对感觉阈限

感　　觉	绝对感觉阈限
视觉	30 英里(1 英里＝1.609 3 千米)以外的一点烛光
听觉	安静环境中 20 英尺(1 英尺＝0.304 8 米)以外的手表滴答声
味觉	两加仑(1 英制加仑＝4.545 升)水中的一匙白糖
嗅觉	弥散于 6 个房间中的一滴香水
触觉	从 1 厘米距离落到脸上的一个苍蝇翅膀

图 2-1　哥特式教堂

感觉具有随环境和条件变化而变化的特点。例如,刚进浴池感到水热,泡一段时间就不再感觉那样热了,这是皮肤感觉的适应。又如,"入芝兰之室,久而不闻其香,入鲍鱼之肆,久而不闻其臭",则是嗅觉适应。据研究,除痛觉之外,各种感觉都存在适应问题。刚入暗室,什么也看不见,等一会儿就看清了,这是暗适应;自暗室突然走出来,光亮刺眼,什么也看不见,等一会儿又看清了,这是光适应。中世纪的建筑师利用光适应创造了哥特式建筑(见图2-1),这种建筑利用飞肋和飞扶壁将教堂的纵向空间感觉向上无限延伸,所有的窗户都开得很高,并且窗户利用彩绘玻璃将阳光引入建筑内。设想这样的场景,从阳光明媚的室外进入教堂,高的开窗使得光线在头顶,建筑底部较暗,穹顶上彩绘玻璃透出的玫瑰般绚丽的色光在头顶围绕,暗环境将教堂的庄重、肃穆尽显;而当人适应了暗环境,头顶天堂般的色光渐渐离人远去,就像是上帝的旨意需要人的揣摩和追随。这样的建筑设计将宗教的神秘和美好直观地传达给了教徒。

当一种强度不变的刺激持续作用于感受器时,传入神经纤维的冲动频率逐渐下降,引起的感觉逐渐减弱或消失,这一现象称为感受器的适应现象(adaptation)。适应是所有感受器的一个功能特点,但对不同的感受器来说有很大的差别,嗅觉感受器最容易适应。感觉适应的产生机制很复杂,它只部分地与感受器的适应有关,因为适应的产生与传导途径中的突触传递及感觉中枢的某些功能改变有关。

3.差别感觉阈限

觉察刺激之间微弱差别的能力称为差别感受性。它在生活实践中有重要意义,可以通过实践锻炼而提高。那种刚能引起差别感觉的两个刺激之间的最小差异量称为差别感觉阈限。差别感受性越高的人,引起差别感觉所需的刺激差别就越小,即差别感觉阈限越低。

研究发现,为了辨别某个刺激出现了差异,所需差异大小与该刺激本身的大小有关。描述觉察刺激的微弱变化所需变化量与原有刺激之间的关系的规律,是由 19 世纪德国生理学家韦伯发现的,称韦伯定律(Weber law)。韦伯定律指出,在一个刺激能量上发现一个最小可觉察的感觉差异所需的刺激变化量与原有刺激量的大小有固定的比例关系。这个固定比例对于不同的感觉是不同的,用 K 表示,通常称为韦伯常数或韦伯比率。不同感觉的韦伯常数如表 2-2 所示。

表 2-2　不同感觉的韦伯常数

感　　觉	K(韦伯常数)	感　　觉	K(韦伯常数)
音高	0.003	响度	0.100
亮度	0.017	皮肤压觉	0.140
重量	0.020	咸味	0.200

不同感觉的韦伯常数,K 值越小,表示该种感觉对差异越敏感。

差别感觉阈限是刺激变化量与原有刺激量之间的一个固定比例关系。在刺激变化时所产生的最小感觉差异称为最小可觉差(just noticeable difference,简称 JND)。每个人的最小可觉差不等,它可以因训练或其他条件而改变。

1860 年,德国心理物理学家费希纳(G. T. Fechner)对韦伯定律作了进一步的发展,提出它也可用于了解人们对刺激量的心理经验,即知觉大小。费希纳指出,由于 JND 是对刺激量的一个最小变化的觉察量,那么就可以用它作为测量知觉经验变化的单位。当刺激量越大时,产生一个 JND 所需的变化量就越大,也可以解释为在物理量不断增加时,心理量的变化逐渐减慢。说明在物理量增大时,为了感知到同样的差异,需要更大的刺激变化,这一规律称为费希纳定律(Fechner law)。严格地讲,费希纳定律就是:由刺激引起的知觉大小是该感觉系统的 K 值与刺激强度的

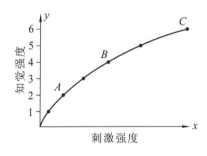

图 2-2　费希纳定律在视觉上的应用

对数之积。费希纳定律在视觉上的应用如图 2-2 所示,该图的 X 轴代表刺激强度,Y 轴代表知觉强度。

图 2-2 中,在刺激强度上,AB 之间与 BC 之间不等,但引起的知觉强度的变化量相等,都是两个最小可觉差。用数学的说法是:当知觉强度以算术级数(如 1→2→3)增长时,刺激强度以几何级数(如 1→4→9)增长,知觉强度与刺激强度之间在数量上是一种对数关系。

第二节　视觉

美国心理学家鲁道夫·阿恩海姆所著的《艺术与视觉》一书提到,"视觉不是对元素的机械复制,而是对有意义的整体结构式样的把握"。公共艺术出现在城市空间中,除调和景观环境等因素外,也要创造一种视觉上的适度状态,既不存在视觉饥渴,也不存在视觉疲劳或视觉污染,从而使公共空间产生使人愉悦的美感。

一、视觉刺激

人对事物的识别,90% 靠视觉来实现。人的眼睛是一个光学系统,照射到物体上的光线,通过角膜和晶状体在人的视网膜上成像,使人获得视觉图像,但这只能说明人"看到了"东西,并未做主观分析。视觉感受应该

是人眼捕捉到图像后与自身的知识、经验相融合,产生的带有主观色彩的画面。

视觉的适宜刺激是光,光是电磁波,人眼能接受的光波只占整个电磁波谱的很小的一部分。波长在 380～760 nm 范围内的电磁波,人可以看见,称为可见光波,它只占整个光波的七十分之一;在此范围之外的电磁波射线,人眼则无法看到。

单眼平均视野范围是:以眼球视野中心线分,眼睛外侧可看见 90°～94°,向内侧为 60°～62°,向上为 55°～60°,向下为 70°～72°,形成一个偏于视野中心的视觉圆锥。人的视野中心 3°以内为最佳视觉区间。通常,人的视距在 380～760 mm 距离内,以 700 mm 为最佳视距。人的视觉习惯是从左到右,从上到下。视觉的敏锐程度和以往形成的经验、知识结构、识别事物的能力有直接联系,也与视觉分析器的灵敏度有关。

二、视觉的生理机制

光刺激引起视觉的过程,首先是光线透过眼的折光系统到达视网膜,并在视网膜上形成物像,同时兴奋视网膜的感光细胞,然后冲动沿视神经传导到大脑皮质的视觉中枢,从而产生视觉。视觉过程的生理机制包括折光机制、感光机制、传导机制和中枢机制。

1.折光机制和感光机制

眼睛是我们的视觉器官,其构造颇似照相机,它具有较完善的光学系统及各种使眼球转动并调节光学装置的肌肉组织。眼球由眼球壁和折光系统两部分组成。图 2-3 所示为人类眼球的剖面图。眼睛的折光系统由角膜、房水、晶状体和玻璃体组成,具有透光和折光作用。当眼睛注视外物时,由物体发出的光线通过上述折光装置使物像聚焦在视网膜的中央凹,形成清晰的物像。眼的折光系统与凸透镜相似,在视网膜上形成的物像是倒置的、左右换位的。由于大脑皮质的调节和习惯的形成,我们仍把外物感知为正立的。

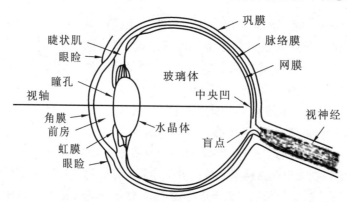

图 2-3　人眼的构造

视网膜是眼睛最重要的部分,由感光细胞(视杆细胞和视锥细胞)、双极细胞和神经节细胞形成三层结构。感光细胞组成视网膜的最外层,离光源最远。光线到达感光细胞前,必须通过视网膜的其他各层。视杆细胞约 120 000 000 个,主要分布在视网膜的周围部分;视锥细胞约 7 000 000 个,主要分布在视网膜中央部分,特别是中央凹,全是视锥细胞。视神经穿出眼球的地方没有感光细胞,叫盲点。由于视杆细胞和视锥细胞结构不同,它们的机能也就不同。视杆细胞对弱光很敏感,但不能感受颜色和物体的细节;视锥细胞则专门感受强光和颜色刺激,能分辨物体颜色和细节,但在暗光时不起作用。视杆细胞含有视紫红质的感光物质。视紫红质在弱光作用下,分解为视黄醛和视蛋白,并使视杆细胞去极化,产生神经冲动,把信息传向大脑,产生暗视觉。视锥细胞中的感光物质叫视紫蓝质,能感受强光。视锥细胞有三类,分别含有感红色素、感绿色素和感蓝色素,它们各自分别对红、绿、蓝色光最为敏感。

2.传导机制和中枢机制

视觉传导通路有三级神经元。视网膜的感光细胞接受刺激后,将冲动传至双极细胞(第一级神经元),再传至视网膜的神经节细胞(第二级神经元)。神经节细胞的轴突集合成视神经,入颅腔后延续为视交叉。在视交叉处,来自两眼的视神经纤维每侧有一半交叉至对侧,余者不交叉。其结构是,凡来自两鼻侧视网膜的纤维(即接受颞侧光刺激的部分),均交叉至对侧,并上行至对侧外侧膝状体;而来自两颞侧视网膜的纤维(即接受鼻侧光刺激的部分),则不交叉并上行至同侧外侧膝状体。由外侧膝状体起始为第三级神经元,其细胞的轴突组成视放射,最后到达枕叶的距状裂两侧的纹区。

视网膜上各个不同的点,在视觉传入通路和皮质视区是按空间对应原则投射的。来自视网膜中央部分的传入纤维投射于枕叶的枕极,来自视网膜周围部分的传入纤维投射于枕叶的较前部分,即皮质的内侧面。由于视网膜是点对点地投射在皮质上,所以皮质视区的微小损伤就会引起视野对应部分的盲区。当视网膜的兴奋到达皮质后,枕叶区的脑电图便会发生变化,α节律被抑制,产生带有断续频率的振动,这时便产生了视觉。

在视觉过程中各级视觉中枢还有传出性的神经支配,对视觉器官进行反馈性调节,如瞳孔的变化、眼朝光源方向转动、水晶体曲度的改变等,以保证在视网膜上形成清晰的物像。

视觉的神经感受种类比较复杂,涉及光度、波长等组合,一个基本的生物模型是:不同波长的光照射光感受细胞时,引起细胞内部盘膜上的11-顺式视黄醛转化为全反式视黄醛,导致视色素分子释放出视蛋白,进而激活了盘膜上的鸟甘酸结合蛋白(G蛋白),G蛋白再去活化磷酸二酯酶(PDE),使内部信使环化鸟甘酸(cGMP)分解为GMP。随着cGMP浓度的降低,光感受细胞外膜的Na离子通道关闭,导致相关电流降低或消失,细胞被超极化,产生相应的神经信号。

三、视觉感受性

1.对光强度的感受性

在适当的条件下,视觉对光强度具有极高的感受性,其感觉阈限是很低的。人眼能对2~7个光能量子起反应。视觉对光强度的差别阈限在中等强度时接近1/60;但在光刺激极弱时,比值可达1;光刺激极强时,比值可缩小到1/167。

视觉对光强度的感受性与眼的机能状态、光波的波长、刺激落在视网膜上的位置等因素有关。眼睛对暗适应越久,对光的反应就越敏感。波长500 nm左右的光比其他波长的光更容易被觉察到。光刺激离中央凹8°~12°时,视觉有最高的感受性;刺激盲点时,对光完全没有感受性。

2.对光波长的感受性

视觉对光波长的感受性不同于对光强度的感受性。一般来说,看见哪里有光总比说出光的颜色要容易些。在任何一种确定的波长中都有这样一段强度区域,在这一区域中,人眼只能看出光亮却看不出颜色。

视网膜的不同部位对色调的感受性是不同的。视网膜中央凹能分辨各种颜色;从中央凹到边缘部分,视锥细胞减少,视杆细胞增多,对颜色的辨别能力逐渐减弱,先丧失红、绿色的感受性,最后黄、蓝色的感受性也丧失,成了全色盲。

人对颜色的辨别能力对于不同波长也是不一样的。在光谱的某些部位,只要改变波长1 nm就能看出颜色的差别,但在多数部位则要改变1~2 nm才能看出其变化。在整个光谱上,人眼能分辨出大约150种不同的颜色。

现代绘画领域印象派画家通过自己的眼睛不仅看见了真实的景象,同时发现了空气对景象的作用。例如,莫奈就在颤抖的日光下看见了夏日睡莲在水中随水浮浮沉沉,他用画笔真实地再现了这样的景象,如附图4所示。

3.视敏度

视觉辨别物体细节的能力称为视敏度,也称视力。一个人辨别物体细节的尺寸越小,视敏度就越高,反之视敏度越差。视敏度与视网膜物像的大小有关,而视网膜物像的大小则取决于视角的大小。所谓视角(visual angle),就是物体的大小对眼球光心所形成的夹角。同一距离,物体的大小同视角成正比;同一物体,物体距离眼睛的距离同视角成反比。视角大,在视网膜的物像就大。常用测定视敏度的视标有"C"字形和"E"字形。分辨两点的视角越小,表示一个人的视敏度越高,视力越好。视角等于1′时,正常的眼睛是可以分别地感受这两个点的。因为1′视角的视像大小是 4.4 μm,相当于一个视锥细胞的直径,从理论上说,物体的两点便分别刺激到两个视锥细胞上,因而能把它们区分开来。如果视角小于1′,物体的两点便刺激在同一视锥细胞上,这样就觉察不出是两个点了。正常人的视力为 1.0,但有的人可达 1.5,甚至更大。这不仅取决于中央凹视锥细胞的直径,也取决于大脑皮质视区的分析能力,即对于两个相邻视锥细胞产生的不同程度兴奋的分析能力。

影响视敏度的因素较多。首先起决定因素的是光线落在视网膜的哪个部位。如果光线恰好落在中央凹,这一部位视锥细胞密集且直径最小,因此视敏度最大。光线落在视网膜周围部分,视敏度大减。此外,明度不同,物体与背景之间的对比不同,眼的适应状态不同等,也都对视敏度有一定的影响。

第三节 色觉

一、色觉的产生

人类真正认识到色彩是在 1666 年,英国物理学家牛顿做了一次非常著名的实验,他用三棱镜将太阳白光分解为红、橙、黄、绿、青、蓝、紫的七色色带。因此牛顿推论,太阳的白光是由七色光混合而成的,如附图 5 所示。

色是不同波长的光刺激眼睛的视觉反映,是光源中可见光在不同质的物体上的反映。色彩产生的途径可表示为:光—眼—视神经—大脑。光源色照射到物体时,变成反射光或透射光,然后再进入眼睛,又通过视觉神经传达到大脑,从而产生了色的感觉。这便是色彩产生形成的过程。

人们要想看见色彩,必须具备以下三个基本条件,缺一不可。第一是光,光是产生色彩的条件,色彩是光被感知的结果,即无光就无色彩。第二是物体,只有光线而没有物体,人们依然不能感知色彩,正如美国宇航员登上月球的照片,它的背景是漆黑一片的太空,什么也看不见,当然也就看不见色彩。第三是眼睛,人眼中有视觉感色蛋白质,大脑可以辨识色彩。总之,人的眼睛与光线、物体有密不可分的关系,三个条件缺一不可。如图 2-4 所示。

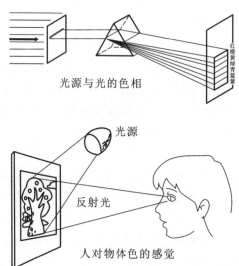

光源与光的色相

光源

反射光

人对物体色的感觉

图 2-4 人眼辨识色彩原理图

从这个意义上讲,光、物体、眼睛和大脑发生关系的过程才能产生色彩。人们要想看到色彩必须先有光,这个光可以是太阳光的自然光源,也可以是灯光等照明设备发出的人造光源。当光线照射到物体上,物体吸收了部分光,而反射出来的光线被我们的眼睛看到,视觉神经将这种刺激传递给大脑的视觉中枢,我们才能看到物体,看到色彩。

人们日常生活中见到的物体大多是不发光的,但它们表现出不同的色彩。这一现象是有两个原因造成的,一是物体自身表现的不同,二是光照的差别。

对于颜色感觉心理现象的系统理论解释,主要有两种学说,在下面进行阐述。

二、心理学的色觉理论

三色说是英国物理学家杨(T. Young)于1807年提出,后为德国物理、生理学家亥姆霍兹(Helmholtz)所发展的,合称为杨-亥姆霍兹三色说。这个学说从红、绿、蓝三原色按不同比例混合可以产生各种色调及灰色这一事实出发,认为在视网膜上红、绿、蓝三种神经纤维的兴奋都能引起一种原色的感觉。三种神经纤维对光谱的每一波长都有其特有的兴奋水平,如图2-5所示。当光刺激同时引起三种纤维不同程度的兴奋时,便按相应的比率产生各种色觉。例如,当光刺激同时引起三种纤维同样强烈的兴奋时,便产生白色或无色彩的感觉。如果红、绿、蓝三种纤维的兴奋比率为5:7:11,那么,其中红、绿、蓝三种纤维5个单位的同时兴奋,产生的是白色;色调将由剩下的绿纤维2个单位兴奋和蓝纤维6个单位兴奋来决定,其结果看到的将是明度较大的蓝绿色。

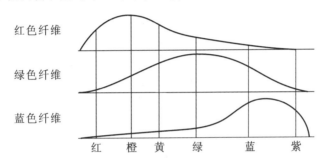

图 2-5 杨-亥姆霍兹学说的神经纤维兴奋曲线

色觉的拮抗过程说是德国生理学和心理学家黑林(E. Hering)于1878年提出的。他假定视网膜中具有三对拮抗的视素:白-黑视素、红-绿视素、黄-蓝视素。这三对视素的同化和异化过程就产生各种颜色。光刺激下异化白-黑视素,引起的神经冲动产生白色感觉;没有光刺激时白-黑视素起同化作用,引起的神经冲动产生黑色感觉。红光刺激下异化红-绿视素,产生红色感觉;绿光刺激则同化红-绿视素,产生绿色感觉。黄光刺激下异化黄-蓝视素,产生黄色感觉;蓝光刺激同化黄-蓝视素,产生蓝色感觉。由于各种颜色都含有一定的白色成分,因此每一种颜色除了影响其本身的视素活动外,还影响白-黑视素的活动。图2-6表示三对视素的同化和异化作用。XX'线以上表示异化作用,以下表示同化作用。a、b、c三条曲线分别表示白-黑视素、黄-蓝视素和红-绿视素的异化作用和同化作用。曲线a的形状表明光谱饱和色的明度成分,从曲线a可见黄绿色是光谱中最明亮的颜色。各种色觉就取决于这三种视素活动相对幅度的大小。黑林的理论认为视锥细胞能感受红、绿、黄、蓝四种颜色,因而也称为四色说。

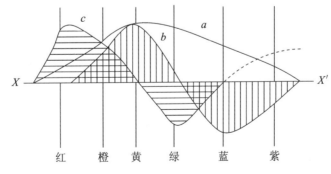

图 2-6 黑林学说的视素代谢作用

上述两种学说都能解释许多色觉现象,但也都有不足之处。杨-亥姆霍兹三色说虽能圆满地解释颜色混合现象,但不能满意地解释色盲现象。因为根据三色说,色盲是由于缺乏一种或几种神经纤维而造成的,三种神经纤维同时以同等强度的兴奋才能产生白色或灰色感觉。色盲的人既然缺乏一种或几种神经纤维，就不应该有白色或灰色的感觉，但事实并非如此，所有色盲的人都有白、灰、黑的感觉。黑林的拮抗过程说也能解释许多色觉现象，但不能解释用三原色混合能产生光谱中的一切颜色这种现象。这两种学说曾长期对立，争论不休，似乎很难统一。

三、艺术学的色觉理论

色彩在设计上有三个基本属性：色相、明度、纯度。色相是指色彩不同的相貌，色相中以红、橙、黄、绿、青、蓝、紫色代表着不同特征的色彩相貌。色彩的明度，也称亮度、深浅度等。每一种色彩都有各自不同的明度，黄色明度最高，紫色明度最低，红、绿色均属中间明度。同时明度与配色的基本规律是：任何颜色如果加白，其明度就越亮；如果加黑，其明度则越暗。色彩的鲜艳度即纯度，也叫彩度、饱和度。无色彩的黑白灰纯度为零。在色环上，纯度最高的是三原色（红、黄、蓝），其次是三间色（橙、绿、紫），再次为复色。而在同一色相中，纯度最高的是该色的纯色，而随着渐次加入无彩色，其纯度则逐渐降低。如附图6所示。

色彩的色相、明度、纯度三特征是不可分割的，只有色相而无纯度和明度的色是不存在的，只有纯度而无色相和明度的色也是没有的。

一般情况下，我们所看到的色彩纯度不会像光谱色那么纯，且目前所用的颜料、染料不可能达到光谱的纯度，这也体现出了大自然丰富多彩的无尽变化。我们可以看到画家、设计师的优秀绘画与设计作品很少选用色彩的最大纯度值去表现，这表明了他们良好的思辨逻辑和艺术素养。

在对纯度概念的理解过程中，值得重视的问题是三属性中明度和纯度不一定成正比。一个色的明度高不表明其纯度就高，明度低也不表明其纯度就必然低。色彩中以红、橙、黄、绿、青、蓝、紫色等基本色相的纯度最高，黑、白、灰色的纯度等于零。

在设计中我们可以在同色相中体会到很多色彩的差异，如红色可以看出几十种、几百种甚至几千种的不同，但用文字所能描述出的红色却没有那么多，如朱红、大红、紫红、洋红、橘红色等，写出十几种红色后再往下写就是非常困难的事情了，这种描述上的局限性给实际生活带来诸多不便。

随着科学技术的发展，现在已有了科学的色彩表示体系。这一体系分为两大类别：一种是混色体系，一种是显色体系。

所谓混色体系是基于三原色光混合的，是光混的定量系统，以德国国家照明学会的测色系统（CIE系统）最为著名。此系统以色光三原色红、绿、蓝色可混合出任何一种色来作为基础，可以选任何一种色，按水平与45°角分别测量，得出色度图。它是目前较准确的色度测量方法，主要用于工业方面，它对测量仪器的要求是很高的，一般在绘画、设计中不便于使用。

另一类是显色体系，即按照色彩三属性，有秩序地整理分类所组成的色彩体系，也称为色立体。色立体是我们常用的系统，它能帮助人们准确地认识色彩，并得心应手地把握色彩的种类，如孟赛尔色立体。孟赛尔色立体由美国画家孟赛尔（Munsell）于1905年创立，后在1929年和1943年由美国国家标准局和光学学会修订出版了《孟赛尔颜色图册》。孟赛尔认为，我们目前可看到的色是两类：一类是有光泽的色，包括1 450块颜色，另加中性灰色，常用于配色；另一类是无光，包括150块颜色，另加32块中性灰色，用于油漆和印刷。孟谢尔色立体由色相（H）、明度（V）、纯度（c）表示，它以色彩的三属性构成了一个结构简明的圆柱体，如附图7所示。

孟赛尔色立体的垂直轴是明度，底部为黑色，以数字0表示，顶部为白色，以数字10表示，共11级。它的圆柱体上的偏角对应色相，共有5个原色，即红（R）、黄（Y）、绿（G）、蓝（B）、紫（P）色，以及原色间的5个间色黄红（YR）、绿黄（GY）、蓝绿（BG）、紫蓝（PB）、红紫（RP）色。每个色相还可以细分为10个等级，形成100个色相，主要色相与间色相的等级为5。每种基本色取2.5、5、7.5、10四个色相级，总共40个。纯度的表示是以黑、白、灰色组成的明度轴为核心，向外层展开排列。垂直轴黑、白、灰色纯度为零，离开垂直轴越远，纯度值就越高。如果将孟赛尔色立体形象地比作圆柱体的话，水平剖开是同一明度面，垂直剖开是同一色相面，以同心圆的方式剖开，则是同一纯度面。

由于孟赛尔色立体在应用领域使用非常便利,加之孟赛尔本身是个画家、教育家,与艺术工作者的思路比较契合,所以他的三属性表示方法便于理解,较为实用。

还有一种色立体叫做奥斯特瓦德色立体,它是由德国科学家、色彩学家奥斯特瓦德创造的。他的色彩研究涉及的范围极广,创造的色彩体系不需要很复杂的光学测定就能够把所指定的色彩符号化,为美术家的实际应用提供了工具。如附图8所示。

奥斯特瓦德色立体的色相环,是以赫林的生理四原色黄、蓝、红、绿为基础,将四色分别放在圆周的四个等分点上,成为两组补色对。然后再在两色中间依次增加橙、蓝绿、紫、黄绿四色相,总共8色相,然后每一色相再分为三色相,成为24色相的色相环。色相顺序顺时针为黄、橙、红、紫、蓝、蓝绿、绿、黄绿。取色相环上相对的两色在回旋板上回旋,就会成为灰色,所以相对的两色为互补色。24色相的同色相三角形按色环的顺序排列成为一个复圆锥体,这就是奥斯特瓦德色立体。

四、颜色混合和色觉缺陷

1.颜色混合

映入人们眼帘的光线一般不是一种波长的光,因为照在物体上的光线主要来自像太阳那样发出不同波长的光源,我们看见的几乎都是许多波长的混合光。而这种混合效应下所得到的色觉经验,称为颜色混合(color mixture)。从牛顿生活的时代起,人们就开始研究颜色的混合并企图找出颜色混合的规律。现已确定的颜色混合规律主要有以下三条。

(1) 互补律:每一种颜色都有另一种同它相混合而产生白色或灰色的颜色,这两种颜色互为补色。例如,红色与浅青绿色、橙黄色与青色、黄色与蓝色、绿色与紫色等,都是一对一对的互补色。

(2) 间色律:混合两种非补色,可以产生一种新的介于它们之间的中间色。例如,红色与蓝色混合产生紫色,红色与黄色混合产生橙色等。

(3) 代替律:两种颜色相混合,它们都可以由不同颜色混合后产生的相同颜色来代替。如果颜色A = 颜色x + 颜色y,颜色B = 颜色m + 颜色n,那么,颜色A + 颜色B = (颜色x + 颜色y) + (颜色m + 颜色n)。代替律说明,不管颜色的原来成分如何,只要感觉上颜色是相似的,就可以互相代替,产生同样的视觉效应。

应当注意,这里所讨论的是不同波长的光在视觉系统中的混合,而不是颜料在调色板上的混合。这两种混合有本质上的区别:前者是两种不同波长的色光同时作用于视网膜时所产生的色觉,称为加色混合(additive color mixture),如附图9所示;后者是由于某些波长的光线被吸收而引起的,是一种减色混合(subtractive color mixture),如附图10所示。最常用的颜色混合的实验仪器是色轮。用红、绿、蓝三种基本色以适当的比例加以混合,可以得到光谱上的各种颜色。如果在这三种基本色中适当加上白色,就可以得到各种不同色相、明度和饱和度的颜色。

将三原色光的明亮程度、鲜艳程度加以改变(就如同舞台灯光的变化一样),就可以得到任何一种色彩的色光。如亮度较暗的绿光和明度较亮的红光可以制造出褐色光,红色增亮即成浅黄褐色光,蓝色光中混入不同量的红色光即可得到不同的紫色光等。

我们说某一物体的色彩是红的,那是因为此物体的表面分子结构是吸收了除红色光线以外的所有色光,物体本身没有色彩,是光产生了色。如果我们用绿光来照射一张红纸,它将产生黑色,这是因为绿光中不包含可供反射的红色。色光混合原理的熟练把握,对于从事舞台美术设计和摄影、摄像工作的人来说是非常重要的。电影学院、戏剧学院为此专门设立了舞台灯光专业。现今平面设计专业、视觉传达专业的学生越来越多地依赖于摄影手段辅助于设计,这种趋势在很大程度上正取代手绘这种传统设计方式而成为设计手法中的主体,但原理的学习和技能的掌握永远是非常重要的。

2.色觉缺陷

色觉缺陷包括色弱和色盲。色弱(color weakness)主要表现为对光谱的红色和绿色区的颜色分辨能力较差。色盲(color blindness)又分为两类:局部色盲和全色盲。局部色盲包括红绿色盲和蓝黄色盲。前者是最常见的色盲类型,后者则少见。红绿色盲的人在光谱上只能看到蓝和黄两种颜色,即把光谱的整个红、橙、黄、绿部分看成黄色,把光谱的青、蓝、紫部分看成蓝色。光波波长在 500 nm 附近,他们看不出颜色,只觉得是白色或灰色的样子。蓝黄色盲的人把整个光谱看成是红和绿两种颜色。全色盲的人则把整个光谱看成是一条不同明暗的灰带,没有色调感。在他们看来,整个世界是由明暗不同的白、灰、黑所组成的,如同正常人看到的黑白电视那样。全色盲的人是极为罕见的。作为即将要从事艺术设计的人来说,色觉缺陷是硬伤,因为色彩是设计的基本要素之一,没有色彩的参与,设计效果将大打折扣。色觉缺陷测试图见附图 11。

五、色彩的心理效应

1. 色彩的直接性心理效应

从色光作用于人的感应方面来看,有它的直接性和自发性,不会因为文字附加它的某种解释而引起。例如,红色使人的血液循环加快,使人有一种警觉性感觉等,这些与人有无文化并没有直接的关系。明度越高的色彩给人的刺激越强,高明度的黄色非常刺激;大面积使用白色,人会有炫目感,给人的心理带来不适;蓝色、绿色会有一种沉静感和保护视力的功能。这都表明了色彩直接性地作用于人,很多时候也在不知不觉中左右着人的行为。又如红色、橙色可以引起食欲,橙红色的灯光会使肉食品看上去新鲜透明,使用蓝绿色光照射肉食品,便会感到食品像发了霉一样;红色的指示方向标志,会让人觉得稳定可靠,换成柠黄色,就会使人犹豫等。从这些现象的结果来看,色彩作为直接作用于人的心灵的手段在艺术表现中有着不可替代的作用和意义,我们很有必要了解并把握它,以便于设计创作中成功地使用它。附图 12 所示为黄色的警示作用。

色彩的对比与调和还能产生兴奋色与沉静色、轻色与重色、软质感色与硬质感色、华丽色与朴实色、庄重色与活泼色、明快色与忧郁色。在色彩心理的表现领域中,还有很多表现情感和对客观世界感受的色彩组合,如:以色彩表现喜、怒、哀、乐等情绪方面;以色彩表现春、夏、秋、冬;以色彩表现酸、甜、苦、辣属于感觉的范围;以色彩表现优雅、悲壮、宏伟、崇高等属于精神象征的美学范畴。这些色彩的表现因素和能力,接近于复杂性心理效应中的色彩嗜好和色彩象征的内容。附图 13 所示为色彩的感觉范围示例。

2. 色彩的间接性心理效应

从色彩的单纯性心理效应和色光作用的性质来说,它不单作用于人的视觉,更扩展到人的思维之中。这取决于大脑的思维模式,就像色相是从人的感觉到知觉的过程一样,是一个由简单到复杂的过程。色彩在知觉效应中,有一个从简单到复杂的问题。当单纯性心理效应在知觉中造成一种强烈的印象时,就会唤起知觉中更为强烈的感受。这种因前种刺激导致后一种更为深化的心理效应,我们称之为间接性心理效应。前者的单纯效应更多具有客观性,而后者复杂的间接性心理中更多地带有主观性色彩和特殊性意味。

(1) 色彩的联想 色彩的间接性心理效应有一个明显的特点,即它是由联想导致的,在心理学中将此称为暂时性联想复活。人从出生的一刻起,与这个世界就是相互交叉、相互联系的。从来就没有孤立的事物存在。从另一个视角来看,人从小到大的成长过程一直是在总结旧的经验中获取新的认识。正如一个从来都没有见到过红色花朵、红色旗帜、红色房子、红色血液的人就不可能把红色与热情、生命、警觉等词汇相联系,不可能对红色的感情表达有深刻的认识,更不可能把这种认识有序地储存于头脑中,成为记忆中的符号。相反来说,我们头脑中一旦将这种有关红色的认识综合,它就不能等同于一般的具体物像和词汇而机械地相加了。色彩会引起内心的各种联想,这种新的联想所得出的认识将会超过事物本身的范围,达到更深刻的新领域,并以新的、丰富的形式体现。这就是创造新事物的结构成因。又如,我们见到蓝色联想到蓝色的天空、白云及明晰的阳光,联想到大海的涌动和深邃,因此,蓝色就已经产生了一种新的近乎于象征性的价值和结构关系的特征——宏大的、向外拓展的、连续不断的运动中有一种缓而有力的节奏,其中蕴含着一种有规律性的重复。当再次看到蓝色时,这一切特征将被唤醒,成为创造新事物有效的组成部分和可能性。其他的色彩同样如此。色彩的联想示例见附图 14 和附图 15。

色彩的联想可分为两大类:一是具体的联想,二是抽象的联想。所谓具体的联想,是指看到色彩联想到具体的事物,如看到红色联想到红旗、火焰、晚霞等,看到黄色联想到柠檬、黄花、皇帝的衣服等,如附图 16 所示。抽象的联想是指由看到的色彩直接联想到的抽象词汇,如看到红色联想到热情、生命、奔放、警惕等,看到黄色联想到明亮、闪烁、权利、崇高、壮丽的光辉等。

具体联想与抽象联想相辅相成,为创作表现提供了从目标意义到基本结构的参照及把握某一主题的结构要点。这将为实现"画画应成为有表现意义,有组织结构的整体"起到积极作用。

(2)色彩心理的个性化 人对色彩有不同的喜好,这种个性化的不同爱好,不仅受社会化、民族化的影响,更主要的是个人兴趣、性格、年龄、知识结构及职业等差别所决定的。它非常具有特殊性。

人的性格特质中有很大部分属于先天的遗传因素。人的气质大体可以分为四类:多血质、胆汁质、黏液质和抑郁质。它们往往可以决定某人在处理各种事物时的态度和行为倾向。

这一气质分类方式也延展于色彩心理的领域,如多血质的人生活态度积极,为人热情、直率,一般情况下会对明度与纯度较高的色彩,以及色相差度较大的色彩对比组合的方式较为偏爱。胆汁质的人一般在生活中多表现为奔放、豪爽,有无限的体能和易于冲动等特征,在选择喜爱的颜色时往往偏爱于明亮的暖色,或以暖色为主色调的色相强对比的配制。黏液质的人生活中往往遇事前思后想、谨慎、忧郁、稳定、朴素、耐心,在色彩选择上多偏于中灰明度和纯度不高的复色及组合。另外,黏液质的人头脑清晰而理智,办事沉稳而果断,多喜爱深沉而有序的色彩,色相也有偏于冷色范围的倾向。

色彩的个性化好恶不同体现在生活中的很多方面,如男性与女性,老人与青年,受教育的程度,不同职业特征等。色彩在某一时间点或某段时期内的阶段性是很强的,这往往与社会审美时尚、时代发展、人们内心的需求有直接关系。如每年所发布的流行色预告正是体现了色彩嗜好的时间化特征。

从心理学发展历程的角度来说,它是从哲学中独立发展而来的。人们将哲学比喻为心理学之父,把生理学比喻为心理学之母,不无道理。尽管心理学只有百年发展历史,但实际上东西方社会从古代起就有这方面的大量研究和成果,只是百年之前隶属于哲学,可以说今天的心理学研究是"新瓶老酒"。

我们研究学习色彩心理,是为了深入地发掘色彩的表现功能,为色彩的广泛运用开创更为广阔的空间。了解色彩心理的属性,能使设计师主动地把握色彩,更便于与人沟通,实现为社会服务和以人为本的设计理念,促进社会的发展。实现生活的艺术化、艺术的生活化才是我们的理想。

(3)色彩的象征 人类不仅具备抽象联想(即从某一事物联想到某些抽象词汇)的能力,更具备从抽象词汇出发、创造出崭新的事物的能力,而这被创造出来的新事物并不一定与原事物有表面上的一致性,即不一定具有原事物的表象特征。

我们所说的色彩个性化心理的特殊性,它所指向的是色彩的个性,如新娘服装设计在不同文化背景下呈现的个性化(见附图 17 和附图 18)。同时,也应看到在社会交流属性中,色彩存在着明显的、惊人的相似性,即共性、一般化、普遍化。如红色,在中国象征喜庆、幸福和革命等,在印度象征生命、活力和热情,在西方社会表示宗教圣餐和祭礼。生命、活力、热情、祭礼、革命、喜庆等都有着明显的相似感受。又如黄色,在中国象征帝王色彩,在印度象征光辉和壮丽,在巴西表示绝望中的奋斗等,将它们联系起来看也同样具有相似性的特点。

第四节 其他感觉

一、听觉

听觉的产生是一系列复杂的过程,由于物体的振动产生声波,声波在空气、水等介质中可以传播。声波的强度取决于声波的压力大小,即声波的振幅,通常以分贝为度量单位,而声波的音高取决于声波的频率,通常以赫兹为度量单位。人能听到的声音频率在 16～20 000 次／秒（即 16～20 000 Hz），人可以听到的声波按声音的频率来说，20～20 000 Hz 是听觉的绝对阈限。

我们在感知事物时，视觉因素占一大部分，但对一个物体全面的把握，在一定程度上还取决于听觉。例如，《红楼梦》中描写的凤姐"未见其人先闻其声"，从声音上就对人物的性格进行了生动的刻画。城市中声音也是不能缺少的角色，风吹柳梢的沙沙声，小河流水潺潺声，雨打屋檐嘀嗒声，莺啼燕歌、晨钟暮鼓无不是生活中动人的旋律。城市进程使噪声成为无处不在的声音污染，工厂的轰鸣声，汽车的喇叭声，不顾邻里的高分贝说话声，过高的电视机声，甚至持续不断的手机铃声都让人不胜其烦。

艺术设计的职责之一便是为人们创造审美体验，给参与其中的公众带来心理愉悦和精神满足。这种美化不仅是对视觉环境的美化，也是对听觉环境的美化，尤其是身处喧嚣的都市，要更加善于利用"鸟鸣山更悠"的原理改造公共空间。

二、触觉

触觉是指人身上的触觉感受器对外界刺激或在与外界相互作用的过程中产生的感受性。躯体感觉神经元对触觉刺激敏感，它们在皮肤的不同部位分布，感受也不同。例如，人指尖的感受能力比较强，相较于手背，指尖更能感触到最精细的变化。

触觉同色彩一样有着其与众不同的象征性。一般光滑的表面让人感到亲切、温暖、细腻和脆弱，而粗糙的表面则令人感到距离、沧桑、坚强和隽永。不同材质的触觉也存在些微差异，一般来说木材质、石材质、塑料材质、金属材质、玻璃材质均符合以上象征性规律；但是纺织材质则不然，光滑的纺织品给人皮肤柔和的体验，粗糙的毛纺品因其松软等特点也能减少距离感。

三、嗅觉

嗅觉也是一种感觉。它由两个感觉系统参与，即嗅神经系统和鼻三叉神经系统。嗅觉和味觉会整合和互相作用。嗅觉是一种远感，即它是通过长距离感受化学刺激而产生的感觉。相比之下，味觉是一种近感。

不同的人对于同一种气味物质的嗅觉敏感度具有很大的区别，有的人甚至缺乏一般人所具有的嗅觉能力，我们通常称之为嗅盲。就是同一个人，嗅觉敏感度在不同情况下也会发生很大的变化。如某些疾病对嗅觉就有很大的影响，感冒、鼻炎都可以降低嗅觉的敏感度。环境中的温度、湿度和气压等的明显变化，也都对嗅觉的敏感度有不小的影响。

如今，设计往往是针对多个感官同时作用的，例如教小朋友识图辨物的书籍，在水果类里，当小朋友的手触摸到书上的水果时会有相应的味道散发出来，这种设计对于提高他们的认知大有好处。

四、联觉

联觉又称通感（synesthesia），通感的心理现象解释为，一个感官对真实刺激的感觉伴随着另外一个感官的感觉。心理现象学上的通感不是故意或有意识获得的，即不是大脑皮质复杂加工的结果，这与艺术领域里通过所谓联想、比喻、隐喻获得的通感不是一个概念。这种通感是被投射到对象上的，即通感被知觉成了对象的特征。

我们对于艺术形象的把握往往不只是透过事物的某一个方面，而是各方面感受的综合。例如，看到光滑的表面同时也会自然地产生坚硬、冰凉等感觉，所以公共艺术运动在我国发展之初，竖立在高速公路入口、城市干道沿线的大量泛着金属光泽的不锈钢抽象雕塑，非但没有准确表达城市的形象，反而给人冰冷、不易亲近的排斥感。又如，被美国波普艺术大师奥登伯格放置在草地上的超大汤勺上的樱桃雕塑，人们看到鲜嫩欲滴的樱桃，加上主观经验，同时也能得到它是"香的"和"好吃的"的印象。这种在公共空间中把普通的生活经验通过各个感官而整合放大的设计作品，具有无与伦比的艺术魅力。

第五节　知觉

一、什么是知觉

知觉是对外界客体及事件产生的感觉信息进行一系列组织并解释的加工过程。知觉有这样几个特征：整体性、恒常性、意义性和选择性。知觉是人脑直接作用于感觉器官的客观事物的各个部分和属性的整体反映。知觉是在感觉的基础上产生的，它是对感觉信息整合后的反映。

与感觉不同的是，知觉是一系列组织并解释外界客体和事件的产生的感觉信息的加工过程。对客观事物的个别属性的认识是感觉，对同一事物的各种感觉的结合，就形成了对这一物体的整体认识，也就是形成了对这一物体的知觉。知觉是直接作用于感觉器官的客观物体在人脑中的反映。

1.知觉与感觉的异同

知觉是各种感觉的结合，它来自于感觉，但不同于感觉。感觉只反映事物的个别属性，知觉却认识了事物的整体；感觉是单一感觉器官活动的结果，知觉却是各种感觉协同活动的结果；感觉不依赖于个人的知识和经验，知觉却受个人知识经验的影响。同一物体，不同的人对它的感觉是相同的，但对它的知觉就会有差别。知识经验越丰富，对物体的知觉就越完善、越全面。例如，显微镜下的血样，只要不是色盲，无论谁看都是红色的，但医生还能看出里面的红细胞、白细胞和血小板，没有医学知识的人就看不出来。

知觉虽然已经达到了对事物整体的认识，比只能认识事物个别属性的感觉更高级了，但知觉来源于感觉，而且二者反映的都是事物的外部现象，都属于对事物的感性认识，所以感觉和知觉又有着不可分割的联系。在现实生活中，当人们形成对某一事物的知觉的时候，各种感觉实际上就已经结合到了一起。甚至只要有一种感觉信息出现，就能引起对物体整体形象的反映。例如，对一个物体的视觉包含了对这一物体的距离、方位，乃至对这一物体其他外部特征的所有认识。所以，现实生活中很难有单独存在的感觉，单一或狭隘感觉的研究往往只能产生于实验室中。

2.知觉的活动过程及格式塔心理学

1）知觉的活动过程

知觉作为一种活动，包含了以下三个阶段。首先是觉察，它是指发现事物的存在，而不知道它是什么，即把信息从感觉存储中抽取出来，把它分解为各个组成部分。例如，将刺激"A"分解为"/"、"－"、"\"三个组成部分。其次是分辨，把一个事物或其属性与另一个事物或其属性区别开来，即把抽取出来的信息与头脑中储存的记忆编码相匹配。最后是确认，指人们利用已有的知识经验和当前获得的信息，确定知觉的对象是什么，给它命名，并把它纳入一定的范畴，从而确定出识别系统的输出，即认识了该客体。如认识了刺激"A"读"ei"，知道是英文字母表中的第一个字母或明白是代表一个好分数的等级等。

知觉活动过程一般由五个环节组成，称为知觉链。第一个环节是外界刺激，它是指作为知觉来源的客观事物及其环境。第二个环节是中介物，外界刺激通过各种中介物传递到人的感觉器官。第三个环节是刺激物与感官的相互作用，它将刺激能量转化为神经冲动。第四个环节是神经冲动通过感觉通路向上传递。第五个环节是在大脑皮质的相应区域进行整合分析处理。

知觉和感觉一样，都是刺激物直接作用于感觉器官而产生的，都是人们对现实的感性反映。离开了刺激物对感觉器官的直接作用，既不能产生感觉，也不能产生知觉。

知觉是以感觉为基础的，但它不是个别感觉信息的简单综合，它是人对感觉信息的复杂的组织过程，它把感觉信息整合、组织成清晰的完整印象。在日常生活中，我们很少意识到孤立的感觉，我们的头脑总是不断地对感觉信息加以组织。例如，听觉刺激是一个复杂的序列，被我们知觉为言语、流水声或汽车声，即组织成各种有意义的声音。这种组织功能主要依靠于我们的经验。

2）格式塔心理学

格式塔心理学是西方现代心理学的主要流派之一，也称为完形心理学。完形即整体的意思，格式塔是德文"整体"的译音。格式塔心理学反对心理学中的元素主义（即构造主义），它认为心理元素的分析并不能使我们了解整体的心理现象，所以它主张以整体的观点来描述意识与行为。

格式塔（gestalt）一词具有两种含义。一种含义是指形状或形式，即物体的性质。例如，用"有角的"或"对称的"这样一些术语来表示物体的一般性质，以示三角形或时间序列的一些特性。在这个意义上说，格式塔即"形式"。另一种含义是指一个具体的实体和它的一些特殊形状或形式的特征。

格式塔心理学的代表人物当属德国心理学家库尔特·考夫卡（Kurt Koffka）、M. 威特海默（M. Wertheimer）和 W. 苛勒（W. Kohler）。他们在德国法兰克福进行了长期的和创造性的合作。"似动"实验成为格式塔心理学的起点。实际上，格式塔心理学关心的是更为广阔的认知过程的问题，包括思维、学习和意识经验等其他方面。

格式塔心理学认为，视觉不仅仅是一种观看活动，更是一个理性思维的过程。作为一种积极的活动，视知觉具有一切思维的能力。通过视知觉活动，能够把对象加以简化、组合、抽象及分离等处理。格式塔心理学对"形"的研究结果表明，每个人都对"形"具有一种与生俱来的组织能力。完形论是格式塔心理学中最为基本的观点之一。格式塔理论提出这样的观点，当外界的某一事物呈现在人类的感官面前时，人类在内心深处会有一个完整的"形"与之相对应。如果人类内心深处的"形"与外界的客观事物出现不符时，这一"形"就会出现缺陷，而此时人类的内心就会自发地表现出弥补"形"的缺陷的倾向，这种心理活动的结果就使外界环境的"形"本身达到完善化或形成良好的"完形"，这就是格式塔学说的完形原则。将格式塔心理学的完形原则应用于平面设计领域，主要方式就是在进行平面设计的时候，设计者可以通过对完整的形体进行深入分析，在研究和探索的基础上，对"形"进行有意识的分解，使"形"形成一种虚缺的形态。这种形态会使受众对"形"的视觉感受由熟悉而转为陌生，使受众在心理上产生一种新奇的感觉。如图 2-7 所示，中国设计师陈放设计的反战海报，用断指做出的胜利手势，使人们看到时就联想到手指健全的模样，因此更觉战争的残酷。这就是格式塔心理学对设计的引导。

图 2-7　运用了格式塔心理学的海报

二、空间知觉、时间知觉和运动知觉

1. 空间知觉

你是否会在下楼梯时走着走着，咣当一声，毫无知觉地跨一大步便下到楼底层？或者糊涂到想把杯子放到桌上，却反而把它甩到了空中？这样的经历是比较少见的。我们生活在三维空间里，必须具有了解自己与空间内事物之间的关系及其变化的能力。空间知觉是人对客观世界物体的空间关系的认识，它包括形状知觉、大小知觉、距离知觉和方位知觉等。空间知觉在人与周围环境的相互作用中具有重要的作用。环境艺术设计就需要精确明白地掌握人对空间的知觉，或者混淆人们对于空间的知觉，制造一个奇幻的空间，如瑞典视错觉大师埃舍尔的设计（见图 2-8）。

1）形状知觉

"大千世界，色形而已"。我们要认识世界，就必须分辨物体的形状。形状知觉是人类和动物共同具有的知觉能力。形状知觉是视觉、触觉、动觉协同活动的结果。通过视觉，人们得到了物体在网膜上的投影形状；通过触觉和动觉，人们探索着物体的外形。它们协同活动，提供了物体形状的信息。

对形的识别始于对原始特征的分析与检测，这些特征包括点、线条、角度、朝向和运动等。再高一级的阶段是图形识别，即利用已有的知识经验和当前获得的信息，确定知觉到的图形是什么。形状知觉识别图形的实例，如图 2-9 所示。

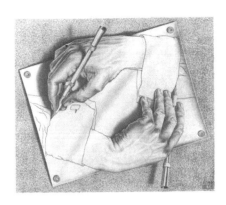

图 2-8　埃舍尔视错觉

图 2-9　不可能的三角形

2）深度知觉

深度知觉就是判断物体距离的知觉。它包括判断观察者到物体的距离（绝对距离）和判断两个物体之间的距离或同一个物体内的不同部分之间的距离（相对距离）。研究表明，判断相对距离的能力比判断绝对距离的能力要精确许多倍。判断相对距离的错觉实例，如图 2-10 和图 2-11 所示。

图 2-10　街道有多深

图 2-11　大街上的错觉绘画

人们怎样判断物体的距离呢？哪些因素提供了深度线索呢？深度线索有两类：眼球运动线索和视觉线索。眼球运动线索又称肌肉线索，视觉线索则分双眼和单眼的情况。肌肉线索主要源于人眼的生理构造，是指人眼水晶体的形状（曲度）由于距离的改变而变化，借此调节对物体空间距离的知觉。调节作用对分辨深度的作用较小，它只在几米（1～2 米）范围内有效，而且也不是很精确。眼睛也可以随距离的改变而将视轴会聚到被注视的物体上。单眼线索则主要强调视觉刺激本身的特点。视空间知觉的单眼线索很多，比如艺术绘画的空间透视关系"近大远小、近高远低、近暖远冷"。物体的远近、遮挡、亮与暗，都是在空间知觉中的单眼线索。同样大小的物体，离我们近，在视角上所占的比例大，视像也大；离我们远，在视角上所占的比例小，视像也小。比如在铁路上你可以看到，近处的两条铁轨间的距离宽些，远处的窄些，更远处则汇合成一点。双眼线索主要是指双眼视差所提供的距离信息。两眼从不同的角度看同一物体，视线便有点差别，即右眼看到右边多些，左眼看到左边多些。这样，两个视线落在两个视网膜的部位上便不完全相同，也不完全重合。这就是双眼视差。这种现象很容易演示，在你的面前正中约 30 cm 处立一铅笔，先闭右眼只用左眼看它，记住其位置；再闭左眼只用右眼看，你会发现铅笔的位置移动了，这也是造成视觉错觉的缘由之一。

2. 时间知觉

"一切存在的基本形式是空间和时间。"时间和空间一样，是一种客观存在。但是，时间不像光和声那样有专门的感受器，人体没有专门的时间感受器。我们能知觉到客观事物和事件的连续性和顺序性，就是时间知觉。时间既没有开始也没有结束，从无穷的过去直到无穷的将来。要判断时间，就必须以某种客观现象作为参考系。太阳的东升西落、月亮的盈亏变化、星座的向西移动、季节的变化等，都可以成为我们感知、判断时间和调节活动的客观依据。对时间的不严格计量,如上午、下午、一天等,就是以太阳的变化位置为参考体,来计量时间、安排生活的。人类发明了钟表和日历后,就以此来计量时间和调节活动。较长的时间,以年、月、日计量;较短的时间,以小时、分、秒计量。另外,生理的节律性信息也是时间知觉的一个重要线索。

3. 运动知觉

我们周围的世界是不断运动变化着的,如:鸟在飞,鱼在游,车马在奔跑,河水在流动等。人脑对物体空间位移和移动速度的知觉称为运动知觉。运动知觉对动物和人的适应性行为有重要的意义。有些动物(如青蛙)只能知觉运动的物体,运动知觉为动物提供了猎物和天敌来临的信号。例如,山鹰捕兔,巨蟒吞蛇,不仅要对猎物的形状、距离、方向进行感知,对其运动速度也要正确知觉。又如,人过马路,运动员传接球,如果离开对物体运动速度的正确估计,也是不行的。

运动知觉可分为真动知觉和似动知觉。

真动知觉是指对物体本身真正的空间位移和移动速度的知觉。虽然事物都在不断变化,但并不是任何种类的运动变化都能被我们察觉到。有些运动太慢,如钟表的分针移动、花的开放,我们无法看清;有些运动太快,如电影银幕上画幅的移动、白炽灯的闪烁,我们也看不出来。眼睛刚刚可以辨认出的最慢的运动速度,称为运动知觉下阈。运动速度加快超过一定限度,眼睛看到的是弥漫性的闪烁,这种刚刚还能看到闪烁时的速度称为运动知觉上阈。运动知觉的阈限用视角/秒表示。据中国著名心理学家荆其诚等所做的测定,在两米距离时,下阈为 0.66 mm/s,上阈为 605.22 mm/s。

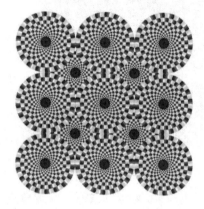

图 2-12 判断是否是运动的图形

似动知觉是指在一定的条件下,人们把客观上静止的物体看成是运动的,或把客观上不连续的位移看成是连续运动的心理现象。如图 2-12 和附图 19 所示。似动知觉主要有以下几种形式。

(1)动景运动 当两个刺激物按一定空间间隔和时间距离相继呈现时,我们会看到从一个刺激物向另一个刺激物的连续运动,这就是动景运动。例如,在不同位置上的 A、B 两条直线,如果以适当的时间间隔(如 0.06 s)依次先后呈现,便会看到 A 向 B 移动;当时间间隔过短(低于 0.03 s),看到的是 A、B 两线同时出现;当时间间隔过长(长于 1 s),则看到的是 A、B 两线先后出现,这是由于视觉后像作用产生的。

(2)自主运动 在一间黑屋子里,你站在屋子的一头,在另一头安排一个光点,注视这个光点几分钟,它就会古怪地"动荡"起来。在没有月光的夜晚,仰视天空中的某一亮点几分钟,这个亮点也会"游动"起来。

(3)诱导运动 由于一个物体的运动使其相邻的一个静止的物体产生运动的印象,叫做诱导运动。例如,我们可以把月亮看成在云彩后面移动,也可以把云彩看成在月亮前面移动。不过,人们习惯于把月亮看作在云彩后面移动,因为一般说来,细小的对象较之大的背景更易看成是运动的。

(4)瀑布效应 在注视向一个方向运动的物体之后,如果将注视点转向其他静止的物体,那么就会看到静止的物体似乎朝相反的方向运动。例如,凝视河水流动,然后再看河岸,仿佛河岸朝相反的方向移动;在注视飞速开过的火车之后,会觉得附近的树木向相反的方向运动。

三、错觉

1. 什么是错觉

错觉是指在特定条件下对事物必然会产生的某种固有倾向的歪曲知觉。错觉不同于幻觉,错觉是在一定条件下必然产生的。早在两千多年前,我国《列子》一书中就载有"两小儿辩日"的故事,所谓"日初出大如车盖,及日中则如盘盂",就是错觉的一例。

艺术设计研究错觉有两方面的意义。一是利用错觉,使其在某些设计活动中产生预期的心理效应。如工业设计上,创造条件给使用者造成错觉,能达到省时省力的目的;服装设计上的错觉则能引起美的享受。二是利用视觉错觉造成新奇的效果,满足人们的猎奇心理,使设计呈现出人意料的美感。当然在现实生活中,一些错觉需要纠正,如飞行员在海上飞行时,由于水天一色而失去了视觉线索,容易产生"倒飞"错觉,因此必须消除错觉,避免事故。

2.错觉的种类

错觉的种类有很多,人们研究得最多的是几何图形错觉。几何图形错觉有大小错觉、形状和方向错觉等。大小错觉,即人们对几何图形大小或线段长短的知觉由于某种原因而出现的知觉错误。大小错觉中最著名的要数缪勒莱耶错觉了。如图 2-13 所示,看看带箭头的两条直线,猜猜看哪条更长? 答案是一样长。这就是著名的缪勒莱耶错觉,也叫箭形错觉。形状和方向错觉比较经典的是冯特错觉和黑林错觉。冯特错觉如图 2-14 所示,两条平行的直线被许多菱形分割后,看起来这两条平行线显得向内弯曲,这是由科学心理学创始人、德国心理学家冯特发现的。黑林错觉如图 2-15 所示,两条平行线使中间部分看上去凸了起来,这种现象是由 19 世纪德国心理学家艾沃德·黑林首先发现的。

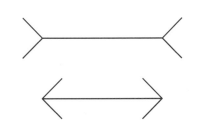

图 2-13　两条线是否一样长

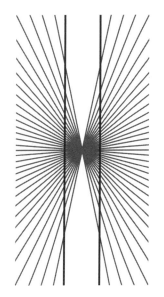

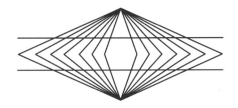

图 2-14　两条线是否平行

图 2-15　两条线中间是否弯曲

麻省理工学院的视力科学家泰德·安德森的视错觉实验如图 2-16 所示,你认为图像里的灰色是一样明暗的吗? 英国视觉科学家、艺术家尼古拉斯·韦德向我们展示了他的弗雷泽螺旋幻觉的变体形式,如图 2-17 所示,虽然图形看起来像螺旋,但实际上它是一系列同心圆。

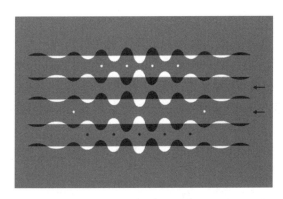

图 2-16　视力科学家泰德·安德森的视错觉实验

图 2-17　是一组螺旋线吗

3.错觉产生的原因

在客观上,错觉的产生大多是在知觉对象所处的客观环境有了某种变化的情况下发生的,但人却以原先的知觉模式进行感知。

在主观上,错觉的产生可能与过去经验、情绪等因素有关。例如,我们生活在地球上,习惯把小的对象看成在大的静止背景中运动,如人、车辆在静止的大地上运动。情绪状态也会使人产生所谓"度日如年"、"一日三秋"的错觉。

总之,产生错觉的原因是多种多样的,也是极其复杂的,既有客观的因素,也有主观的因素;既有生理的原因,也有心理的原因。虽经过无数科学家多年的研究,仍然难有令人完全满意的解释。

错觉和幻觉的产生原因是不同的。人的大脑皮质对外界刺激物进行分析、综合发生困难时就会造成错觉;当前知觉与过去经验发生矛盾时,或者思维推理出现错误时就会引起幻觉。色彩的错觉与幻觉会出现一种难以想象的奇妙变化。

设计师在从事设计实践时常常会碰到以下几种情况。

1)视觉后像

当视觉作用停止之后,感觉并不立刻消失,这种现象叫视觉后像。后像一般有以下两种。

(1)正后像 如果你在黑暗的深夜,先看一盏明亮的灯,然后闭上眼睛,那么眼前就会出现那盏灯的影像,这种叫正后像。例如,日光灯的灯光是闪动的,它的频率大约是100次/秒,由于眼睛的正后像作用,我们并没有观察到灯光的闪动。电影也是利用这个原理,所以我们才能看到银幕上物体的运动是连贯的。

(2)负后像 正后像是神经在尚未完成工作时引起的,负后像则是神经疲劳过度所引起的,因此其反应与正后像相反。例如,当你在阳光下对一朵鲜红的花写生,观察良久后迅速将视线移到白纸上,这时你会发现白纸上有一朵与那朵红花形状相同的绿花。这种现象在生理上的解释是,当人们观看红色光持久时,红色视锥细胞会产生疲劳,要保持这种不变的红色印象,在视网膜上映有红花的这个区域的视锥细胞必须合成感红蛋白,只有大量红光才能继续激起视锥细胞产生红色信息。当你将视线迅速移到白纸上,白纸上反映到视网膜上原红花影像的那个区域中是白光,其所含的红光能量不能激起这个区域疲劳过度的感红蛋白的迅速合成,也就是不能激起那个区域红色视锥细胞产生红色信息。而恰在此时,原来在这个区域一直处于抑制状态的那部分绿色视锥细胞在白光中的那部分绿色光的刺激下格外活跃,所以这个区域给人的印象是绿色的。当然这种现象会瞬间消失。这种负后像色彩错觉一般都是补色关系,如:红-绿、黄-紫、橙-青紫。黑与白也同样会产生这样的现象,其原理相同。例如,斑马的保护色与其他动物的保护色不同,其他动物一般将自身的色彩尽量接近所生长的环境色,使对方难以辨认,而斑马则采用同时对比时的错视和视觉后像效果来保护自己。其原理是,斑马快速飞奔,使追逐捕捉它的狮子在观看时由于同时对比的错视作用,前一个对斑马身体的视觉印象还没有消失时,实际上斑马已经飞奔而去,因此狮子不能正确判断斑马的位置,所以往往扑空。这就是斑马保护自身的方法。

2)同时对比

同时对比是指眼睛同时受到色彩刺激时,色彩感觉会发生相互排斥的现象。刺激的结果会使相邻之色改变原来性质的感觉而向对应方面发展。当我们用色彩构图时,同一灰色在黑底上发亮,在白底上变深;同一灰色在红底上呈现绿味,在绿底上呈现红味,在紫底上呈现黄味,在黄底上呈现紫味;同一灰色在红、橙、黄、绿、青、蓝、紫不同底色上呈现补色感觉。红与紫并置,红倾向于橙,紫倾向于青;红与绿并置,红显得更红,绿显得更绿;各种相邻的色在交界处,对比表现得更为强烈。

视错觉也可以造成严重的色彩错觉,例如:色彩的膨胀与收缩感、色彩的前进与后退感、色彩的轻与重的感觉。

色彩的膨胀与收缩感是由于各种不同波长的光,通过眼晶状体聚焦点并不完全在一个平面上,导致视网膜上的影像清晰度有区别。光波长的暖色影像具有一种扩散性,因此模糊不清;光波短的冷色影像则具有一种收缩性,因此比较清晰。用赫林学说去解释就是,红色起破坏作用,刺激强烈,脉冲波动大,自然有一种扩张感;而绿色起建设作用,脉冲弱,波动小,自然有收缩之感。所以我们平时注视红色时,时间一长就感到边缘模糊不清,有眩晕感,这就是破坏的原因;当我们看青色、绿色时感到冷静、舒适、清晰,眼睛特别适应,这就是建设的作用。又如,维吾尔族最喜爱在刷墙的白灰中加入少量的蓝绿色,医生总是让眼疾病人多看绿色,也是这个道理。室内设计的膨胀色运用见附图20。

　　色彩的膨胀与收缩感,不仅与波长有关,而且与明度有关。同样粗细的黑白条纹,在感觉上白条纹要比黑条纹粗;同样大小的方块,黄方块看上去要比蓝方块大一些。设计一个年历的字样,在白底上的黑字需大一点,这样看上去醒目,过小了就太单薄、看不清。如果是在黑底上的白字,那么白字就需要比刚才那种黑字小一点,或笔画细一点,这样显得清晰可辨;如果与前面那种黑字同样大小,笔画同样粗细,则易含混不清。例如,某省地质馆有个板面上的文字说明,用黑色胶片,刻制黄色透光字,可能设计时是按黑字白底的效果设计的,布局饱满、笔画粗壮;但刻出来以后,由于字的透光效果,字就显得拥挤、笔画不清,这就是黄色在黑色底上面膨胀的原因。

　　色彩的前进与后退感从生理学上讲,是因为人眼晶状体的调节虽然对于距离的变化非常灵敏,但它总是有限度的,对于波长微小的差异无法正确调节。这就造成波长长的暖色,如红、橙等色在视网膜上形成内侧映像;波长短的冷色,如蓝、紫等色在视网膜上形成外侧映像。从而使人产生暖色好像前进,冷色好像后退的感觉。例如,清晨,太阳只照在雪山顶上,其他山林均处于冷灰色的晨雾之中,因此橙黄色的雪山顶显得格外近,结构清晰可辨。此时写生,万不可被这种前进感所迷惑。待太阳完全升上天空,所有的山林大地均被阳光普照,此时再看雪山,一下子感觉像是被推得很远很远,此时的遥远才是正确的感觉。设计中前进色的运用见附图21和附图22。

　　色彩在生理上、心理上的前进与后退感、膨胀与收缩感,对于使用色彩有很大影响。综合起来,色彩的前进与后退感、膨胀与收缩感有如下规律。例如,要使狭小的房间显得宽敞些,可以用后退色——浅蓝色刷墙;为了使景物背景退远些,可选择使用冷色;为了使近处景物突出些,可用暖色。这就是色彩的透视,即近暖远冷、近艳远灰、近实远虚。利用好色彩的错觉效果能使设计锦上添花。

第三章

设计与需要

第一节　需要

第二节　消费者需要分析

第一节　需要

　　需要是指在一定的生活条件下,有机个体或群体对客观事物的欲求。一方面,人的需要具有多样性,一般分为两大类,即生理需要(如需要阳光、空气、水和食物)和心因性需要。前者是人得以生存的基本需要,后者则与人的心理性相关。另一方面,人的需要具有多层次性。也就是说,人不断追求需要的满足,满足了一个层次的需要之后,就会出现更高层次的需要。

图 3-1　马斯洛的需要层次理论

　　目前,影响最大的需要理论是由马斯洛于 1943 年提出的需要层次理论。马斯洛是美国著名的人本主义心理学家,他认为人至少存在五种基本需要,分别为生理需要、安全需要、社交需要、尊重需要和自我实现需要。这五种需要以层次形式依次从低级到高级排列,成金字塔形。如图 3-1 所示。除此之外,他还提到了认知需要和审美需要。

　　这些多层次的需要又可被分为低级需要和高级需要,低级需要包括生理需要和安全需要。

　　对食物、水、空气和住房等的需要都是生理需要。这类需要的级别最低,人们在转向较高层次的需要之前,总是尽力满足这一需要。这一点是很容易理解的,一个人在饥饿口渴的时候,不会对其他任何事物产生兴趣,他的主要动力就是得到食物和水。所以说,生理需要是人类最基本、最原始的需要,是产生其他一切需要的基础。

　　安全需要包括对人身安全、生活稳定,以及免遭痛苦、威胁和疾病等的需要。安全需要比生理需要高一级,当生理需要得到满足以后就要保障这一级别的需要。但是,它也是非常基本的需要,在安全需要没有得到满足之前,人的生命安全和生存受到了威胁,人们就不会产生其他的需要。

　　其他的需要层次依次提高。社交需要包括对友谊、爱情及隶属关系等的需要,是指个人渴望得到家庭、团体、朋友、同事的关怀、爱护和理解,是对友情、信任、温暖、爱情的需要。在马斯洛需要层次中,这一层次是与前两层次截然不同的一个层次。人在社会中,需要人与人之间的交流与协作,当生理需要和安全需要得到满足后,社交需要才会突显出来。社交需要与个人性格、经历、生活区域、民族、生活习惯、宗教信仰等都有关系。这种需要很细微,是无法度量的。

　　尊重需要包括自我尊重和受人尊重两种需要。前者包括自尊、自信、自豪等心理上的满足感;后者包括名誉、地位、不受歧视等满足感。例如,一些体现身份的品牌物和奢侈品就是尊重需要的产物,基于这种需要,人们愿意购买这些体现身份的物品,希望受到别人的重视和尊重。但是,尊重需要很少能够得到完全的满足。不过,基本上的满足也可产生推动力,这种需要一旦成为推动力,就会令人具有持久的行动力。

　　自我实现需要是指人有发挥自己能力与实现自身理想和价值的需要。这是人的最高层次的需要。满足这种需要就要求完成与自己能力相称的工作,最充分地发挥自己的潜在能力,成为自己所期望的人物。有自我实现需要的人,会竭尽所能使自己趋于完美,充分地、活跃地、忘我地、集中全力全神贯注地体验生活,追求一定的理想,废寝忘食地工作,把工作当成是一种创作活动,希望为人们解决重大课题,从而完全实现自己的抱负。

　　以上就是马斯洛的需要层次理论。根据他的理论,人的需要是从低级到高级、从物质到精神逐渐发展。在高层次的需要充分出现之前,低层次的需要必须得到适当的满足。低层次的需要基本得到满足以后,它对人的激励作用就会降低,其优势地位将不再保持下去,高层次的需要会取代它成为推动行为的主要原因。这五种需要不可能完全满足,愈到上层,满足的百分比愈少。

　　所以,高层次的需要比低层次的需要具有更大的价值。人的热情是由高层次的需要激发出来的。后来马斯洛在这五个需要层次的基础上,在尊重需要和自我实现需要之间还增加了认知需要和审美需要。认知需要是指对知识、真理的追求和理解力的培养,以及对新奇事物了解的愿望。审美需要是指人们对秩序和美感的需要。我们应该知道,需要的层次越低,越具有原始自发性;需要的层次越高,受后天的教育、经验的影响就越大。这是基本的层次理论。但是,马斯洛的理论也遭到了一定的批评,其原因如下。

首先,人们对需要的满足不一定遵循从低级到高级的原则,有时可能同时产生,有时高级需要甚至先于低级需要产生。附图23所示为某品牌手表的平面广告。手表,原本只是计时的工具,是用来满足人的社会需要的,但是这个广告却直接忽略了手表最基本的社会需要,而是把诉求重点定位在豪华、休闲和地位上,它将手表和珠宝放在同等的地位来进行宣传,把社会需要这种功能需要转移到奢侈品等所需要满足的尊重需要上来,体现的是社会尊重和自我表现。所以说,艺术设计可以使得产品满足两种以上的需要。

其次,有学者提出马斯洛的理论有明显的乐观倾向,所提及的需要都是正面的,但是人其实还具有进攻、征服等方面的需要,这一需要在艺术设计中也有所体现。例如,20世纪70年代风靡一时的朋克风格,其古怪的发型、服饰及颓废的文化似乎对正统文化有明显的挑战和颠覆的意味,超出了马斯洛所说的审美的需要,而是一种挑战、征服的需要。

最后,马斯洛的需要层次理论对于每种需要的概括稍显笼统,事实上,在他所提出的每个需要层次中,人都有基本需要和更高层级的需要,并且也存在逐层递增的现象。例如,消费者对衣服的需要从最基本的保暖需要到较高层次的尊重需要和审美需要,其要求是各不相同的。许多产品都是在满足基本需要的基础上按照目标群体需要的不同呈现不同的面貌,出现不同档次、类别、风格的设计。

第二节　消费者需要分析

消费者需要具有含糊性、动态性、内隐性的属性。

(1) 含糊性是指消费者通常很难明确提出能满足他们需要的目标。许多情况下,他们会在几种备选目标中犹豫不决。例如一位女性消费者想使自己变得更有魅力、更引人注目,她会考虑购买服饰、化妆品、首饰、香水等产品。

(2) 动态性是指消费者的需要并不是固定不变的,他们锁定的目标常常会发生变化。很多的消费者都有亲身经历,原本准备购买某个品牌的产品,当来到商场时,看到另一品牌的产品正在促销,并且这一产品恰好能唤起他(她)更为迫切的需要,如更加美观、便宜等,消费者很可能就改变了原本的需要目标。

(3) 内隐性是指即使消费者已经明确锁定了某一需要,也不一定会直接表现在行为上。

因此,在艺术设计的过程中,设计师自觉地考虑、分析消费者的需要是非常必要的。这样不仅可以贴近不同用户群体的需要,并针对不同的需要进行设计,使艺术设计目的清晰,而且可以通过艺术设计提供更多不同的需要,满足消费者多方面、多层次的需求。这样的艺术设计才更有意义、更有价值。

一、多层次性的消费需要

不同需要导致人们对不同设计的需要,这些不同层次的需要在某种程度上决定了需要满足的迫切性。只有懂得消费者的需要,才能针对他们的需要更好地进行设计。具体分析如下。

(1) 多层次的需要使用户群体存在明显的分层现象。了解用户的需要属于哪个层次,或者挖掘设计可以满足的需要层次,可以帮助艺术设计更好地表达该层次需要的特点,可以使用户群体明确这一设计是否能够满足自己的需要。

这一点比较容易理解。像社会阶层比较低、收入比较少的消费者的主要需要还是温饱需要,那他们消费的主要对象更多的就是一些日用品,其设计往往也只能满足消费者最基本的需要,很难扩展到其他需要层次上。所以这些日用品本身及广告宣传就没有华丽的设计,而是非常朴实的设计,这样的设计不会给消费者太大的经济压力。例如,冰箱的广告宣传会体现在省电这个特点上,热水器的宣传注重安全可靠、没有隐患这样的安全需要上。如附图24所示,汰渍洗衣粉平面广告没有过多的版面设计,没有华丽富贵的元素,没有美丽的模特,只是简单地表现了产品的特点。

而对于中等阶层的人,他们具有一定的购买力,但是因为他们的购买力有限,所以他们缺乏安全感,他们希望买到的产品具有相应的价值或者物超所值。所以他们会比较倾向于养老保险、教育等安全保障方面的投资,以及倾向于投资某些奢侈品以助其在社交中提高社会地位。

那些顶级奢侈品的主要消费者还是高阶层人士,在对这些物品的设计上就不能仅仅体现它的使用功能,而是要更多地体现产品的品位和档次,另外,他们对于教育、知识等方面的投资也较其他层次消费者更多。如附图25所示,香奈尔香水平面广告在设计上下了很多工夫,设计的版面比较华丽,满足了女性展现自我、引人注目、体现个人品位的需要。

(2)用户需要的多层次性,使各类产品产生明显的分层现象,这导致不同消费者购买同一类商品的动机并不相同。设计师应通过了解不同层次消费者的需要,设计出不同层次的产品以满足不同的人多层次的需要。例如:一般服装是为了满足保暖的需要,因此它应该合身、舒适;而有些衣服并不舒服,甚至对人的身体是一种束缚,其目的是满足女性塑造优美身体曲线的需要,设计师在设计这些服装时,应在尽可能使女性感觉舒适的情况下,更注重服装塑造形体的功能;高档时装则又不同,它一方面为了满足女性美化自身形象的需要,另一方面,它还要满足女性展示自我、引人注目、体现个人品位的需要。洞悉消费者需要的设计师应明确其设计的产品究竟是为了满足哪个群体的哪个方面的需要,从而进行有侧重点的设计。

(3)多层次的需要理论为市场营销中如何突出产品的诉求重点提供了依据。广告、包装、卖场等相关设计通过侧重不同的诉求,能赋予产品不同层次的属性和特征,满足消费者不同层次的需要。例如,同一种儿童食品,如果广告、包装的设计重点放在其营养成分和效果上,表明其诉求对象不是孩子而是家长,主要是满足家长对孩子的爱的需要;如果广告、包装的设计重点是放在产品的美味上,那么其诉求对象就是孩子本人,目的是通过满足孩子的需要来影响家长的购买决策。因此,设计师在设计具体目标的时候,必须确定设计要满足用户哪个层次的需要,由此在设计中突出与之相关的特点,即使是其他方面的需要不能完全放弃,在取舍之间也应该有明确的侧重。

以可口可乐的广告为例,近100年来,该产品的品质并没有多大的变化,但是其广告却一直通过不断推出不同的诉求点而为其注入活力。从20世纪30年代以来,它一直坚持在某一段时间内在全球范围推广同一主题的广告,直接指向人们某一方面的需要。例如,它推出的"不断改进的质量"系列是为了满足人的安全和稳定的需要,"使炎热的天气变得凉爽"系列是为了满足人的生理需要,"不可战胜的感觉"系列是为了满足人的自我实现的需要。附图26所示是可口可乐早期的广告,当时它就是为了满足人的社交需要而推出的。

二、物质需要和精神需要

根据需要指向的对象不同,可以分为物质需要和精神需要。物质需要是对于物质存在对象的需要;精神需要是对于概念对象的需要,例如对审美、道德、情感、制度、文化、知识等的需要。用户的物质需要反映为对产品使用性能的需要;而精神需要则超出使用的层面,伴随各种情感体验,即对产品情感体验的需要。

物质需要是人得以生存、发展的基础,也是精神需要赖以生存的基础。而物质需要同时又受到精神需要的影响,尤其在消费社会,当消费者更多消费的是物的符号意义及所代表的社会关系的时候,如何兼顾消费者的物质、精神的双重需要变得尤为重要。现代设计常常将设计定位于通过设计物来提供消费者超越物质需要的精神需要,并且借助广告、促销等手段对用户强化这一定位。这使用户有时甚至无法根据产品本身的形式了解其真正的用途,或者在广告中无法找到所促销产品的形象。这样的情况下,设计师应凭借产品造型(不一定与功能相关,而可能仅仅是情感的符号)、广告或品牌形象激发用户的相应的情感体验来满足消费者的精神需要。

根据设计所强调需要的不同,艺术设计可以分为强调物质需要的设计、兼顾物质需要和精神需要的设计,以及强调精神需要的设计三类。其中,强调物质需要的设计突出表现使用方面的属性;而强调精神需要的设计侧重于激发用户的各类情感体验;兼顾二者的设计则在使用的基础上,一定程度地考虑了用户的情感体验。如图3-2所示,同样是优秀的坐椅设计,但是侧重各有不同。从左往右,第一个设计就是注重物质需求的沙发,其造型反映了它的目的在于最大限度地满足人们休憩的需要。第二个设计则兼顾物质和精神两种需要,既能较好地满足休息的需要,又考虑到人的审美需要。第三个设计是法国著名设计师菲利普·斯塔克于1990年设计的椅子,这个椅子用拟人的设计元素表现了植物向上生长的雕刻形象。简单的椅子,充满魅力的弧线,就像一株植物静静地生长着,体现了非常强烈的现代感。这个造型明确表明它不以满足人们的物质需要为核心,而是将提供精神享受——趣味的需要放在首位。

图 3-2　坐椅设计

　　另外,艺术设计可以通过设计提供给消费者超越物质需要的精神需要;可以帮助设计体现其侧重的不同的需要层次。例如,汽水本身几乎没有什么特殊的功能,它解渴能力不及开水,它所含的糖分及气体对身体有害无益,各种牌子的汽水的差异也是大同小异的。那么,广告设计作为传达产品整体信息的重要手段,如果只是简单地强调产品所能满足的具体功能,是不能吸引消费者的。所以,在广告设计中,激发产品所可能满足的精神需要,就是必然的设计策略。如图3-3所示,三款同一品牌不同款式的手机广告设计,由于各自所侧重满足的需要层次不同,其平面广告的诉求点也不相同。

图 3-3　三款 MOTO 手机平面广告

　　第一个广告中的手机与其他竞争产品相比,具有功能完备、类似数码终端的使用特性(具有手机、相机、MP3等多种功能),因此这个广告设计直接准确地传递出这一信息为诉求重点,以吸引注重产品使用性能的消费者,侧重满足消费者与使用性相关的物质需要。

　　第二个广告中的手机是一款较为大众的产品,并没有什么突出的性能特点。因此平面设计师的诉求重点放在两方面,一方面凭借模特所扮演的参照群体对该产品的推介来激发目标消费者的正面情绪,另一方面也在图像中突出产品自身形象,兼顾了消费者的物质-情感的双重需要。

　　第三个手机广告则是完全忽略了产品的使用性能。图像中几乎找不到产品形象或功能介绍,设计师将诉求焦点放在它能带来的精神体验——迷人的感觉,通过激发消费者的情感体验来突出产品对精神需要的满足。

　　可见,针对不同的设计需要,作为设计师应该采用不同的表现手法,突出设计不同的特点、属性,以表现设计所能满足的不同的需要层次。

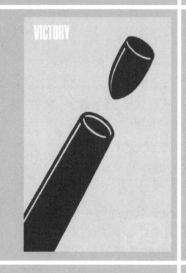

第四章

设计与动机、兴趣

第一节 动机

第二节 设计受众的动机分析

第三节 设计与兴趣

在人的生命活动中,需要-动机犹如一台永不停息的发动机,它驱使着人们进行这样或那样的活动。依照心理学动机与需要原理,人的审美需求是比较高层次的需要,在生存需要与发展需要得到满足的同时,人能在这个过程中充分享受生活创造的欢愉,从而产生对生命价值的反思。"审美需要的冲动在每种文化、每个时代里都会出现,这种现象甚至可以追溯到原始穴居人时代。"审美是超越人的生命机体本能的精神需求,它必然需要更多的内发机制。

第一节　动机

一、什么是动机

动机是指激发、指引、维持或抑制心理活动和意志行为活动的内在动力。动机是直接引起推动与维持个体进行活动的内部动力。

二、动机的形成

动机的产生主要有两个原因,一个是需要(need),另一个是刺激(stimulation)。当人有了某种需要,为了达到满足需要的目的,就产生了实现需要的愿望。在需求与愿望的驱使下,产生了行为的内驱力,激发或引导人的意志指向某种行为,便形成了动机。例如,拍摄时突然发现了一处好景观,但是获得最佳镜头效果,需将身体置于没有任何保护的不稳定状态下,这时为了获得好的摄影作品,人会产生铤而走险的想法。

当有外部刺激作用于人时,同样会激发某种愿望诱发行动的产生。设计的务实性使设计的目的最终指向消费,而设计受众的消费动机是我们在设计之初就需要关注的关键点。例如,餐饮海报可以帮助人们在视觉捕捉到海报时,因画面中诱人的食物而促使唾液腺分泌唾液、胃酸分泌,产生了进食的愿望,在这种愿望的引导下,即使不是很饿也会引发购买行为。这说明因设计而产生的食欲成为购买这一最终目的实现的动机。

虽然需要和刺激会诱发动机,但动机是否最终指向行为,也与动机产生的内驱力大小及人的性格、意志力有关。动机强烈、意志力强,排除万难也会实现行为;相反,动机强烈,却胆怯、懦弱,则有可能不足以导致行为的发生。同时,一些不可预见的外力同样也左右着动机向行为的转化。

我国开始城市化进程时,城市建设的初期仅仅是保证轻重工业生产为城市生活提供必要的支持。在计划经济时代,城市的发展是整齐划一、千篇一律的态势。随着经济的发展,人们对城市的发展有了超出生存和安全的需求,在人们审美水平的提高和城市个性化的需求等内驱力的作用下,城市设计、建筑设计、景观设计、环境设施设计、公共艺术设计等开始不断改变着城市的天际线,刷新着城市的文化风貌,改变着城市的人文气质。当然,也有创作适合公众口味的艺术设计,提高公众审美需求的动机。城市建设是否真正能顺应时代潮流;反映当代人的审美情趣和文化发展方向,也就是这些动机是否指向了正确的行为;达到了正确的目的,亦是一个复杂的过程。在实际的设计中,城市建设有时埋葬在不懂设计的"地方意志"中,但是我们不能否认他们同样怀抱建设城市的动机。动机是第一步,若没有改变城市"千城一面"、改变城市麻木生活现状的动机,生态城市、绿色城市的建设更是遥遥无期了。

三、动机的种类

与需要一样,动机也根据诱因分为生理性动机、社会性动机或内在动机、外在动机。由于设计是为了满足人的社会精神及审美的需要,同样,与设计相关联的是人的社会性动机,即由于人的社会需要而产生的动机,如交流的动机、工作的动机等。设计参与者个人的内在动机对城市文化的推进也能起到关键的作用。关于动机的心理学研究理论主要分为以下几种。

1.本能理论

奥地利精神分析家弗洛伊德的精神分析心理学从本能出发来解释人的行为动机。他认为,人有两种本能。

一是生的本能,弗洛伊德称之为"利比多",它代表着爱和建设的力量,指向于生命的生长和增进。二是死的本能,弗洛伊德称之为"达那多斯",它代表恨和破坏的力量,表现为求死的欲望。死的本能有内向与外向之分。当冲动指向内部的时候,人们就会限制自己的力量,惩罚折磨自己,变成受虐狂,并在极端的时候毁灭自己;当冲动指向外部的时候,人们就会表现出破坏、损害、征服和侵犯他人的行为。图 4-1 所示为弗洛伊德的肖像。

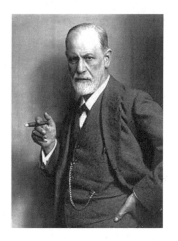

图 4-1　弗洛伊德

2. 驱力理论

所谓驱力理论,指的是当有机体的需要得不到满足时,便会在有机体的内部产生所谓的内驱力刺激,这种内驱力的刺激引起反应,而反应的最终结果则使需要得到满足。例如,进食的需要得不到满足,便会产生内驱力刺激,推动有机体采取最终使食物摄入体内的行为。一旦需要满足之后,也就使内驱力刺激平息。所以驱力理论时常又被称为驱力还原论或需要满足论。这种理论观点认为,当有机体的生理需要得不到满足时,就会驱使有机体采取有意的行为去纠正这些身体的缺失或障碍。可以认为,使驱力降低是行为发生的主要原因。

3. 需要层次理论

人本主义心理学家马斯洛坚持反对一切人类动机都可以用剥夺、驱力和强化来解释的观点。如前所述,他致力于对人的动机的研究,认为人有五种基本的需要,按其满足的先后依次排列成一个层次。在这一层次中,最基础的是生理方面的需要,即对食物、水、空气等的需要;在生理需要得到基本满足之后,便出现安全或保护的需要;随后出现对爱、感情、归属的需要;接着出现对尊重、价值和自尊的需要;在上述这些低一级的需要得到基本满足之后,最后剩下的便是对自我实现的需要。所谓自我实现,就是使自己更完备、更完美,能够更充分地使用自己具有的能力和技能。马斯洛认为,人的绝大部分时间和精力都用于实现最基本的但又尚未满足的需要上,当这些需要或多或少得以实现后,人才能越来越注意到更高层次的需要。他认为,在这些需要中,前四种是缺失性需要,它们对生理和心理的健康是很重要的,必须得到一定程度的满足,但一旦得到满足,由此而产生的动机就会消失。最后一种需要即自我实现的需要,它是成长需要,很少得到完全的满足。对一个正常健康的人来说,因缺失性需要已得到相当的满足,所以他们的行为是由不同类型的成长需要所决定的。需要层次理论对临床和咨询心理产生了影响,并成为其动机理论的基础。

4. 成就动机理论

要激励人们的积极动机,就要满足人的这种高层次的成就需要。

高层次的成就需要与人的行为有很紧密的关系。成就需要高的人,其行为方式通常更像成功的企业家,他们喜欢对问题承担个人责任,能从完成一项任务中获得一种成就满足感;如果当成功取决于运气或问题由别人为他们解决时,他们则很少产生满足感。在解决问题时,成就动机高的人毅力强,而且总是倾向于将自己的失败归因于努力不够,而不是归因于任务太难或运气不佳。总之,成就动机高的人希望获得成功,当他们失败之后,会加倍努力,直至成功。

个人的成就动机可以分成两类:其一是力求成功的需要,其二是避免失败的需要。人们在这两种特征的相对强度方面各不相同,可以分为力求成功或避免失败这两种类型的人。美国心理学家阿特金森认为,生活使人面临难度不同的任务,他们必然会评估自己成功的可能性。力求成功的人旨在获取成就,并选择有所成就的任务。这种情况最有可能发生在他们预计自己成功的可能性为 50% 时,因为这种情况给他们提供了最大的现实挑战。如果他们认为成功完全不可能或胜券在握,其动机水准反而下降。反之,避免失败的需要强于力求成功愿望的人,在预计自己成功的机会大约有 50% 的希望时,会回避这项任务。他们往往选择更易获得成功的任务,以使自己免遭失败;或者选择极其困难的任务,这样即使失败,也可以为自己找到合适的理由。

5.归因理论

归因理论认为,任何人都有探索自己行为成败原因的倾向,常常会问自己:为什么这次成功(或失败)了?这种理论把成败原因的分析归纳成如下3个方面:

(1) 控制点(控制位置),即是外在归因还是内在归因;

(2) 稳定性,即是稳定的原因还是不稳定的原因;

(3) 可控性,即是可控制的原因还是不可控制的原因。

归因理论的指导原则和基本假设是,寻求理解是行为的基本动因。美国心理学家韦纳认为,能力、努力、任务难度和运气是人们在解释成功或失败时知觉到的4种主要原因。韦纳将这4种基本原因分成控制源和稳定性两个维度。根据控制源这一维度,可将原因分成内部的和外部的。例如:能力和努力是内部原因,因为它们源于一个人的内部;任务难度和运气则源于一个人的外部,因此是外部原因。根据稳定性维度,可以将原因分成稳定的和不稳定的。韦纳认为,能力和任务难度是稳定的因素,因为在反复从事某一任务时它们不会变化;而努力和运气则是不稳定的因素,它们会随时间或场合的不同而变化。

归因研究发现,人们对决定自己活动和命运的力量的稳定看法将成为他们的人格特征。心理学已区分出内控与外控两种不同的人格特征。具有内控特征的人认为,自己能从事的活动和活动的结果是由自身具有的因素,如能力或努力等所决定的;具有外控特征的人则认为,自己的活动及其结果受命运、机遇和他人的摆布。当然,在现实生活中,极端的内部控制者或外部控制者是不多见的。

一般说来,内部控制者具备较高的成就动机,外部控制者的成就动机相对要低些。要改变一个人稳定的归因看法涉及改变一个人的人格特征,改变人格特征能够影响其行为动机。

6.动机系统理论

首先,这一理论认为动机是与满足某些需要有关的活动动力。如果说需要是个体的各种积极性的实质与机制,那么动机就是这种实质的具体表现。动机的不同起因导致动机所表现的需要的种类不同、动机所采取的形式不同,以及动机赖以实现的活动的具体内容不同。复杂的活动是由几种同时起作用的相互影响的动机所推动的。这些动机构成了多分支的动机系统。

其次,这一理论明确指出了动机系统的各个组成部分。

第一个组成部分是兴趣。兴趣是个体的认识需要的情绪表现。它使个体积极地寻找满足他所产生的认识需要的途径和方法。因此,苏联心理学家彼得罗夫斯基认为,兴趣是经常推动认识的机制,是个体活动动机的重要方面。

第二个组成部分是信念。信念是激励个体根据自己的观点、原则和世界观去行动的、被意识到的需要的系统。以信念的形式表现的需要的内容,是关于自然环境和社会环境的知识及对这些知识的某种理解。当这些知识形成有序和有内在组织的观点体系时,就可以被看做个体的世界观。

第三个组成部分是意图。意图是行为的直接成因,其中表现出对生存和发展条件的需要,它能够在较长的时期内维持个体活动的积极性。意图往往以企图、幻想、热情、理想等不同的心理形式表现出来,而它们又和兴趣、信念系统不可分割,其共同特点是能被个体所意识。

最后,该理论认为,个体的动机系统除了能够被意识的部分外,还有无意识的部分。由被意识的动机系统和无意识的动机系统共同构成了个体完整的、有层次的动机系统,而二者之间是彼此联系、能够相互转化的。在无意识的动机系统中,具有重要意义的心理形式是定势和意向。

7.激励理论

激励理论是关于如何满足人的各种需要、调动人的积极性的原则和方法的概括总结。激励的目的在于激发人的正确行为动机,调动人的积极性和创造性,以充分发挥人的智力效应,做出最大成绩。自从20世纪二三十年代以来,国外许多管理学家、心理学家和社会学家结合现代管理的实践,提出了许多激励理论。这些理论按照形成时间及其所研究的侧重面不同,可分为行为主义激励理论、认知派激励理论和综合型激励理论三大类。

四、动机的特征

1.动机的主导性与依从性

正如在城市公共艺术中,一个公共艺术品在城市的出现并非易事,促成其出现的动机也是复杂的。在众多的动机中,有的动机是强烈而持久的,有的则是晦涩而短暂的。强烈而持久的动机不断地驱使人朝着行为实现的方向努力,成为主导性动机,而其他动机则成为依从性动机。在一定条件下,主导性动机与依从性动机是可以相互转化的。就城市的景观设计而言,在城市的某个地区设计公共艺术的主导动机有可能是为了表达城市的文化底蕴、弘扬城市的优良精神,也可能仅仅是为这片地区放置一个摆设,让它显得不那么空。在规划之初,前者可能是占主导地位的动机;当方案实施到后期,由于预算、工期等原因,处于依从地位的后者,有可能转而成为主导动机。动机不同所激发的行为自然不同,这就导致了有些公共艺术品成为城市的标志,将此空间变成最吸引人、引人驻足的场所,另一些则成为强迫人们观看的文化"暴力",沦为城市垃圾。

2.动机的动态性与转移性

需要的变化必将导致动机的变化,需要是分层次的,前一个需要得到满足才会出现更高级的需要,动机也会由满足低级需要的愿望转向满足高级层次需要的愿望。同时,动机有可能仅是向时而动、依势而动。新中国成立初期,公共艺术创作的动机多来自爱国主义的激情。随着改革开放、经济发展,现代艺术家的创作动机从为少数英雄唱赞歌逐渐转移到关注普通人的平凡生活上来,如图4-2和图4-3所示。

图4-2　雕塑"深圳人的一天"

图4-3　武汉市江汉路公共艺术雕塑"下棋"

3.动机的潜在性与冲突性

人的有些动机并不是显性的,但一样在潜意识里支配着行为的产生和运动方向,另外,动机在转化、转移时也可能从相同面转向对立面。在科技广场或经济开发区入口放置公共艺术品,一方面要突显科技性,另一方面要不阻碍生活其中的人的活动。例如,采用高科技材料塑成有机的形态,但是由于施工技术造价和材料等问题,用高科技材料不能满足有机形态,有机形态的艺术品又不能用高科技材料,最终不得不屈服于造价或"长官意志"而放一个表达晦涩的作品于城市中,即污染了城市环境,又造成了资源浪费,而这些在设计之初都并非创作动机。

五、动机与目的

活动动机和活动目的,是两个既互相联系又互相区别的概念。

活动动机和活动目的有时是一致的。对某一事物的反映,就其对人的推动作用来说,是活动的动机;就其作为活动所要达到的预期结果而言,又可以是活动的目的。在人的简单行动中,动机和目的常表现出直接的相符。如烤火取暖的例子,燃柴烤火既是活动动机,又是活动目的。

在许多情形下,特别在比较复杂的活动中,动机和目的也表现出区别,作为活动目的的东西并不同时是活动的动机。

活动目的是活动所要达到的结果,而活动动机则反映着人为什么要去达到这一结果的主观原因。正因为动机和目的之间存在着这种差别,所以人的同一种活动,尽管其目的可能是一样的,却可因其不同动机而具有不同的心理内容,也可因其不同动机而获得不同的社会评价。

动机和目的的这一区别不是绝对的。例如,一个建筑设计总监在致力于建筑设计时,获得良好的室内外空间效果是其活动的目的;其动机可能是为提升城市的形象作出贡献。但是当建筑设计总监为了达到良好的建筑空间效果的目的而在筹划城市规划方面采取行动时,城市规划等又是活动的目的,而争取建设与规划相符的新建筑则成了活动的动机。一般说来,动机是比目的更为内在、更为隐蔽、更为直接推动人去行动的因素。

动机和目的的区别也表现在,有些活动的动机只有一个,而目的则不然,可以有若干个局部的或阶段性的具体目的。例如,艺术设计专业学生修完大学课程是一个总的动机,但为了实现这个动机,他必须分别达到一系列具体的活动目的,如完成作业,通过考试、撰写论文等。

动机和目的的不同还表现在,同样的动机可以体现在目的不同的行动中。例如,工人加紧生产,教师认真备课,学生努力学习,其动机都可能是为了国家的社会主义建设。另外在同一活动目的之下,也可以包含着不同的动机。比如学好功课,有人是为"设计改变生活"的社会使命所推动,有人则是为谋求今后个人优裕生活的动机所驱使。

复杂的活动通常不只与一种需要相联系,而是同时与多种需要相联系。与此相对应,一种活动可以同时为多种动机所推动。例如,学生的学习动机常常就不是单纯的。一类是比较广义的、概括的动机,如一个人对祖国、对人民的责任感、义务感;另一类是比较局部的、狭隘的动机,如单纯地求得好成绩。受世界观和理想支配的动机比较稳定而持久,使人的行动长久地坚持一贯的方向;局部的动机则往往起着更直接的推动作用。对年幼的学生,在培养其广义的动机的同时,应注意引起和维持他们的局部动机,这对他们良好的学习态度的培养有着实际的意义。

对于审美活动和其他实践活动的区别,德国哲学家康德指出,"美是无目的的合目的形式"。所谓的无目的,就是没有客观的目的,不用考虑对象的性质和用途,与概念及利害关系无关。而合目的,是指事物存在的目的。一个事物之所以能成为那个事物,即具有该事物的结构形式和目的用途,就必须有关于那个事物的概念,只有符合这种目的性的概念的事物,才能是完善的和好的。事物形式符合我们的认知功能(想象力与知解力),事物具有某种形式,才便于我们认识到它们的形象并且感到愉快。与逻辑判断不同的是,审美判断最大的特点是"自由",不受概念或利害关系强迫,"审美趣味是一种不凭任何利害计较,而单凭快感或不快感来对一个对象或一种形象的显示方式进行判断的能力"。这样一种快感的对象就是美。概括来说,凡是体现真、善、美这三大终极价值的事物,都符合人类审美接受目的,都被接受为美。而艺术创作集中体现了人类对美的追求。审美是艺术作品为人类自由创作的美,而自由正是"无目的的合目的形式"。

设计中的审美接受性源于人们对于审美这一高级需要的反应。对于这一需求的满足往往成为设计的动机之一。

六、动机的体系

一个人的复杂而多样的动机,以其一定的相互关系构成动机的体系。

动机是在需要的基础上产生的。与人的需要相对应,动机可分为天然的动机和社会性动机,或称物质性动机和精神性动机。社会性动机按其内容的不同,可以分为物质生产活动的动机、科学活动的动机、文化艺术活动的动机、社会政治活动的动机。艺术活动动机还可分为艺术欣赏和艺术创作的动机等。按照社会价值,动机又可分为集体主义动机和利己主义动机等。可见,人的动机是十分丰富而多样的。心理学的任务不在于研究这些动机的内容本身,而在于探讨不同动机对人的意志行动过程的作用和意义。

在同一个个体身上,各种不同动机所占的地位和所起的作用是不同的。一些动机比较强烈而稳定,另一些动机则比较微弱而不稳定。一个人的最强烈、最稳定的动机,成为他的主导动机。这种主导动机对他而言,相对地具有更大的激励作用。在其他因素相等的条件下,人采取同他的主导动机相符合的意志行动时,通常比较容易实现。

在实际生活中,可以看到人比较容易实现与他的主导动机相一致的意志行动的例子。例如,少年儿童的游戏动机一般比较强烈而稳固。有的少年学生在学习方面害怕困难,意志表现较差,但他却可能在同伙伴们的游戏活动中对于困难表现出较好的顽强性和坚韧性。又如,一个有着强烈的创造动机和探索欲望的科学家,要他坚持日常琐事方面的某项事情也许难以持久,但他却能长期孜孜不倦、数十年如一日地专攻他所面临的艰难的研究课题。

前面说过,不同性质的动机可以具有不同的力量,但是某种动机对一定个体究竟发生多大的推动力,还得最终以个体的动机体系的特点为转移。比如游戏方面的动机对于儿童和对于成人,其激励作用就不一样;求知一类动机的激励作用,对一个学者和商人也不尽相同。当我们谈论动机体系对人的行为的作用时,是着重指明同一种动机因在个体身上占不同地位而对人的行为会发生不同的影响;当我们谈论动机性质和它具有的力量的关系时,是指二者在多数社会成员身上所表现出来的一般趋向。前者说的是个别性,后者说的是普遍性。普遍性是由个别性归纳而来的,而它又具体地表现于个别性之中。

人的动机体系是在后天实践中形成的,因此它是发展变化的。首先,它随着个体年龄和实践活动的发展,动机不断地丰富和复杂起来。其次,动机体系的结构也发生变化,其中主导动机可能发生转移。比如吃喝、游戏方面的动机对于儿童十分重要;但到了青年时期,可能就退居次要地位。动机体系是随着整个性的改变而改变的。人在社会中生活并接受教育,在逐渐掌握社会行为规范的过程中,会形成关于义务、行为、理想等观念,并根据社会需要逐渐学会作自我要求。当社会要求转化为个体的主观需要时,就在此基础上形成相应的动机,其他的动机及整个动机体系也不断地经受着改造。由于动机体系是在个体接受社会环境的影响下形成的,因此它反映着一个人的思想信仰、文化教养和道德面貌。

第二节　设计受众的动机分析

本节主要针对设计的创作和参与的动机展开研究。人做任何事情不可能无缘无故,引发事件的原因便是动机。动机的出现也不可能无缘无故,是为了满足某种需要才可能出现动机。所以,需要与动机始终放在一起分析,并且动机是研究的重心,应放在人类所共有的基本需要之上。一件伟大的艺术作品,真正通过自身散发出美,并且这种美亦被大多数观看者所接受,从而产生愉悦的审美体验,并非误打误撞,而是艺术家在创作这件作品时的动机恰好契合了欣赏者的审美需求,或者该作品成为欣赏者享乐的诱因动机。

一、设计受众的消费动机分析

消费动机是指由一定消费目标或者对象引导、激发和维持个体消费的内在心理活动过程,是使消费者做出购买某种商品决策的内在驱动力。消费动机这一概念通常包含四个方面的内容:消费动机是一种内部刺激,是个人消费行为的直接原因;动机为个人消费提出目标;消费动机为个人消费行为提供力量以达到生理与心理的平衡;消费动机使个人明确其消费行为的意义。

对于具有务实性的设计来说,被消费而体现其使用价值也是设计区别于纯艺术的重要特性之一。消费者的消费行为是受动机支配的,消费动机不同于一般动机,它有着很强的目标指向性——消费,这种目标性可转化成内在动力,并指明个体消费行为的方向。由此可见,研究和掌握消费者的消费动机对于艺术设计最终目的的实现是相当重要的。

二、设计受众的消费动机类型

消费者的消费动机分为内在动机和外在动机,生理性消费动机和心理性消费动机。所谓内在消费动机往往是由活动本身产生的快乐和满足所引起的,不需要外在条件的参与。而外在的消费动机则可能是消费活动以外的因素引起的,比如奢侈品的购买给某些人身份和被尊重的感受。内在消费动机的强度一般强于外在消费动机,持续时间往往也比较长。生理性消费动机与人的生理需要相关联;而在当代社会中,设计对应的常常是心理性消费,可能是源于对于产品经济实惠、经久耐用的求实心理,也可能是基于海报中的降价信息刺激了人们的求廉心理,或者是对于某些老品牌的信任而产生的信任心理(如白猫洗衣粉的口号“这么多年用白猫——放心!”),或者仅仅是被商品的造型、材质散发出的美感所折服。此外,便利动机、售后动机、安全动机等都可能是设计产品最终实现其使用价值的动机。

三、影响消费者购买动机的因素

1. 文化因素

1）文化

每个人都生活在一定的文化氛围内,并接受这一文化所含的价值观念、行为准则和风俗习惯的影响,这也影响着他们的购买行为。以中西方文化对比为例,中国的老年人服装款式和颜色都较为保守,与中青年人的服饰有很大区别;而西方的老年人更偏爱色彩鲜艳的服装。又如,中国的传统文化里,老年人受到尊重,适合老年人使用的保健食品、用品被年轻人买去馈赠长辈;而西方文化推崇年轻和充满活力,标有老年人专用字样的商品遭人忌讳。再如,中国的"吃"文化特别发达,人们花大量时间、精力在与吃有关的采购、烹饪和聚餐上;而西方社会则相对简单一些。

文化的差异引起消费行为的差异,表现在物质和文化生活的各个方面。特定的社会文化必然对每个社会成员发生直接或间接的影响,从而使社会成员的价值观念、生活方式、风俗习惯等方面带有该文化的深刻烙印。虽然文化不能直接支配消费者的需要,但是可以影响满足需要的形式和内容。

例如,我国出口的黄杨木刻一向用料考究、精雕细刻,以传统的福禄寿星和古装仕女形象畅销于亚洲一些国家和地区。然而当产品销往欧美国家以后,却发现当地消费者对中国传统的制作原料、制作方法和图案不感兴趣。原来当地消费者与亚洲人的观念大不一样。后来,我国工艺品进出口企业一改传统做法,使用普通的杂木作简单的艺术雕刻,涂上欧美人喜欢的色彩,并加上适合于复活节、圣诞节、狂欢节的装饰品,反而大受欢迎,打开了销路。所以,任何企业在产品的研发和推广过程中都必须充分意识到文化的差异,入国问禁、入乡随俗。

2）亚文化群

众所周知,各种文化之间存在着较大差异。即使是同一文化内部,也会因为各种因素的影响,使人们的价值观念、风俗习惯及审美观念表现出不同的特征,从而形成不同的文化群。在每一文化群中,还存在人民文化同一性的群体,称为亚文化群。一般说来,亚文化群是一种局部文化现象,指每种文化中较小的,具有共同的价值观及相似的生活体验的群体。在我国,至少可分出三种亚文化群:民族亚文化群、地区亚文化群和宗教亚文化群。例如地区亚文化群,由于地理位置、气候、历史、经济、文化发展的影响,我国可明显地分出南方、北方,或者东部沿海、西部内陆区等亚文化群。不同地区自然条件不同,经济发展水平和人们的生活习惯都不同,消费自然有所区别,甚至许多风俗习惯也不同。如在美国就有英格兰人、法兰西人、华人等不同的民族,他们从世界各地聚集到一处,但仍保留着各自民族的风俗习惯、生活方式和文化传统,这些因素影响着这些不同民族消费者的需求偏好和购买行为。又如,美国的黑人与白人相比,其购买的衣服、个人用品、家具和香水较多,食品、运输和娱乐较少。相比白人,他们更重视商品的品牌,更具有品牌忠诚度。美国的许多大公司如西尔斯公司、麦当劳公司、宝洁公司和可口可乐公司等都非常重视通过多种途径开发黑人市场,有的公司还专门为黑人开发特殊的产品和包装。

同属一个亚文化群的消费者往往具有相同或相似的价值观念、生活习俗和态度倾向,设计人员可以将这些亚文化群作为细分标准来细分市场,确定有效的目标市场,以制订恰当的设计方案。尤其是进入国际市场的企业,特别要关注东西方文化存在的差异,更要重视研究文化因素对消费者购买行为的影响。

3) 社会阶层

每个社会客观上都会存在社会阶层的差异,即有一些人在社会中的地位较高,受到社会更多的尊敬,而另一些人在社会中的地位较低,他们及他们的子女总想改变自己的地位,进入较高的阶层。不过,在不同社会形态下,划分社会阶层的依据不同。在原始社会,可能身体最强壮、最勇敢的人组成了上层社会;在封建社会,世袭的血缘关系成了标志一个人所属阶层的依据;后来,金钱和财产数量成了一个人进入上层社会的通行证。在现代社会,一般认为所从事职业的威望、受教育水平、收入水平和财产数量综合决定了一个人所处的社会阶层。显然,位于不同社会阶层的人,其经济状况、价值观取向、生活背景和受教育水平不同。

2．相关群体与角色因素

1) 相关群体

相关群体是指对个人的态度、偏好和行为有直接或间接影响的人群。每个人周围都有许多亲戚、朋友、同学、同事、邻居,这些人都可能对他的购买活动产生这样或那样的影响,他们就是他的相关群体。尤其在中国,从众群体意识是中国文化的深层结构之一。从众群体意识是指人们往往有意无意地按照或跟随周围人的意向决定自己购买什么,购买多少。20世纪80年代末我国消费市场上明显的"一热接一热"现象与此不无关系。如看到别的家庭买齐了几大件,自己也一定要买齐,不管自己是否有此经济实力,或是否其中每一件都对自己确实有用。又如,近年来,随着电视等媒体对人们频繁的刺激,某些名人对名牌商品及时尚的偏好极大地影响了消费者,尤其是影响了年轻消费者的购买倾向。

根据联系的密切程度,相关群体可分为:关系密切的相关群体,如家庭成员、邻居和同事等;关系一般的相关群体,如校友会、歌迷会、商业俱乐部等;第三种相关群体是指没有直接联系,但影响力很大的群体,如影视明星、体育明星等。相关群体对消费者购买行为的影响主要有以下三种形式。

(1) 信息性影响　这是指相关群体的价值观和行为被个体作为有用的信息加以参考。这些信息可以直接获得,也可以通过间接观察获得;可以主动收集,也可以被动获得。如某职员发现办公室里的多位同事都购买新款TCL手机,于是他认为该手机的性能和质量比较可靠,也决定购买这款手机。信息性影响的强弱取决于被影响者与群体成员的相似性及施加影响的群体成员独特而显著的特征。

(2) 功利性影响　这是指相关群体的价值观和行为方式对消费者发生作用后可以帮助其获得奖赏或避免惩罚。如果相关群体的某些成员由于消费某些产品而获得群体的赞赏或认同,群体中其他希望获得赞赏或认同的成员就会消费同样或同类的产品;如果某类消费行为受到群体成员的否定,如嘲笑或厌恶,其他成员就会避免此类消费行为。例如,有些产品广告常常宣称如果使用某种产品就会受到群体的赞赏,或不使用某种产品就会受到他人的嘲笑,就是利用相关群体的功利性影响来影响消费者的购买行为。

(3) 价值表现的影响　这是指群体的价值观和行为方式被个人内化,无须任何外在的奖罚就会依据群体的价值或规范行事。这时,相关群体的价值观和行为规范已经完全被个体接受,成为个体价值观和行为规范。相关群体为个体提供了某些行为标准,这样的行为标准就是在一个特定的相关群体中,人们认同、接受其行为规范,并用这些规范来定义自己的标准。

2) 家庭

家庭是最重要的相关群体。通常来说,一个人从出生起就生活在家庭中,家庭在个人消费习惯方面给人以种种倾向性的影响,这种影响可能贯穿其一生。而且,家庭还是一个消费购买决策单位,家庭各成员的态度和参与决策的程度,都会影响到以家庭为消费单位的商品的购买。如一则有关洗衣机的广告所说的,母亲要功率大的,奶奶要省电的,小孙女要外观漂亮的,而家庭男性成员未参与意见,这就是一种购买决策模式,我们由此可推断出他们最终的选择。随着家庭小型化,家庭购买的决策权越来越集中,主要是夫妻二人。而夫妻二人购买决策权的大小又取决于多种因素,如各自的生活习惯、妇女就业状况、双方工资水平及教育水平、家庭内部的劳动分工及产品种类等。一般来说,在购买价格昂贵的耐用消费品或高档商品时,丈夫的影响较大;在购买生活必需品方面,妻子的影响较大。对于一件商品,丈夫通常在决定是否购买及何时何地购买这些方面有较大的影响,妻子则在决定所购买商品的颜色等外观特征方面有较大影响。另外,孩子在家庭购买决策中的影响力也不容忽视。现在中国的城镇家庭,孩子都是"小皇帝",他们在食物、玩具、服装、娱乐及汽车的购买选择上具有一定影响力,尽管他们通常并不是这些商品的实际购买者,但却是购买决策的影响者。

3) 角色身份

角色是指个人在群体、组织及社会中的地位和作用。一个人在一生中会参加许多群体,如家庭、班级、俱乐部及其他多种社团组织。每个人在各个群体中的位置可用角色身份来确定,并随着不同阶层和地理区域的改变而改变,在不同的环境中扮演着不同的社会角色,塑造不同的自我,具有不同的行为。例如,某人在父母面前是儿子,在子女面前是父亲,对于妻子他是丈夫,在工作单位他又是总经理……每一种身份都对应一种地位,反映社会对他的评价和尊重程度。消费者往往结合考虑自己的身份和社会地位做出购买选择,许多产品和品牌由此成为一种身份和地位的标志或象征。因此,角色身份的不同会在很大程度上影响消费者的购买行为。

3. 个人因素

影响消费者购买行为的个人因素主要有:消费者的年龄及生命周期阶段,职业状况,经济状况,生活方式,个性与自我观念等。

1) 年龄

不同年龄的消费者的兴趣、爱好和欲望都有所不同,他们购买或消费商品的种类和式样也有区别。例如,儿童是糖果和玩具的主要消费者,青少年是文体用品和时装的主要消费者,成年人是汽车、家具的主要消费者,老年人是保健用品的主要消费者。不同年龄的消费者的购买方式也各有特点。在产品消费上,青年人的质量和品牌意识较强,容易在各种信息影响下出现冲动性购买行为;中老年人经验比较丰富,更重视产品的实用性和方便性,常根据习惯和经验购买,一般不太重视广告等商业性信息。

2) 职业

由于生理、心理和社会角色的差异,不同性别的消费者在购买商品的品种、审美情趣和购买习惯方面就会有所不同,如人们订阅不同的杂志,观看不同的电视节目。职业不同、受教育程度不同也影响到人们需求和兴趣的差异。例如,近两年我国大城市市场上,一些最新款式的名牌时装总是标明"适合职业女性";而我国目前个人电脑的购买者大多为受教育程度较高的人。实践证明,个人的消费形态受其职业的影响比较大。例如,"白领丽人"会购买与其身份和工作环境相协调的服装、手袋、化妆品等,而公司经理则购买昂贵的西服、俱乐部会员证和进行度假消遣。设计人员应找出对自己设计的产品感兴趣的职业群体,并根据其职业特点制订恰当的设计方案。

3) 经济状况

消费者的经济状况包括消费者的可支配收入、储蓄与个人资产、举债能力和对消费与储蓄的态度。经济状况的好坏直接决定了消费者的购买力,消费者通常会在可支配收入的范围内考虑以最合理的方式安排支出,以便更有效地满足自己的需求。一般来说,收入较低的消费者往往比收入较高的消费者更关注商品价格的高低。

设计人员虽然不能改变消费者的经济状况,但能影响消费者对消费与储蓄的态度,通过对产品的生产和营销方案进行重新设计来增强价格的适应性。同时,生产经营那些对收入反应敏感的产品的企业,应特别关注消费者的个人收入、储蓄状况及利率发展趋势。当消费者的经济状况发生变化时,设计人员就需要及时地对自己的方案进行调整。

4) 生活方式

生活方式是个人行为、兴趣、思想方面所表现出来的生活模式。简单说,就是一个人如何生活。消费者的生活方式可以用他们的消费心态来表示,包括衡量消费者的 AIO 项目——活动(action)、兴趣(interest)及观念(opinion)。通常,生活方式比一个人的社会阶层或个人性格更能说明问题,因为它勾勒了一个人在社会上的行为及行为之间相互影响的全部。设计人员应找出其产品和各种生活方式群体之间的关系,努力使本企业的产品适应消费者不同生活方式的需要。

5) 个性及自我观念

个性在心理学中也称为人格,是指个人带有倾向性的、比较稳定的、本质的心理特征的总和。它是个体独有的、并与其他个体区别开来的整体特性。自我观念也称自我感觉或自我形象,是指个人对自己的能力、气质、性格等个性特征的感觉、态度和评价。换言之,即自己认为自己是怎样的一个人。消费者千差万别的购买行为往往是以他们各具特色的个性心理特征为基础的。一般来说,能力标志着消费者行为活动的水平,气质影响着消费者行为活动的方式,而性格则决定着消费者行为活动的方式。

4.其他心理因素

在消费者购买活动的各个方面和全过程,其行为除受动机影响外,也受知觉、学习、信念和态度等其他心理因素的影响。

1) 知觉

这个世界充满了各种刺激。通俗地讲,人们对各种刺激进行了选择、组织,并在头脑里连贯成画面的过程就是知觉。通常,人们对同一刺激物会产生不同的知觉,这是因为人们要经历三种知觉过程,即选择性注意、选择性理解和选择性记忆。

知觉是人们通过各种感官对外界刺激形成的反映。现代社会,人们每天面对大量的刺激,但对同样的刺激,不同的人有不同的反应或知觉,原因在于知觉是一个有选择性的心理过程。这种选择性表现在以下三个方面。

(1) 选择性注意,即并不是所有的外界刺激都会引起同等的注意,人们倾向于注意那些与其当时需要有关、与众不同或反复出现的外界刺激。

(2) 选择性理解,即人们接收了外部刺激,但并不一定会得出同样的解释,而是根据自己以往的经验或成见对信息进行理解。

(3) 选择性记忆,即人们获悉的大部分信息很快就被忘记了,只有少数被记住。

2) 学习

学习是指一个人会自觉或不自觉地从很多渠道、经过各种方式获得后天经验。人类除了本能驱策力(如饥饿、口渴等)支配的行为之外,其余都属于学习支配的行为。例如,司机见了红灯就停车,小学生见了老师会行礼等都属于学习支配的行为。

学习会引起个体行为的改变。为了更好地了解消费者的消费心理和购买行为,必须理解以下四个概念。

(1) 加强 如果消费者购买产品以后非常满意,会加强对该品牌的信念,进而重复购买。

(2) 保留 如果消费者购买的是以前并不知晓的品牌,无论称心如意或是非常不满,都会记忆较深刻。

(3) 概括 消费者对企业或品牌感到满意,会由此及彼、爱屋及乌,进而对该企业或与该品牌有关的其他产品也产生好感。

(4) 辨别 消费者对企业或品牌一旦形成偏好,需要时就会首选该企业或该品牌的产品,具有较高的品牌忠诚度。

3) 态度和信念

通过行为和学习,人们获得了自己的态度和信念,而态度和信念又反过来影响着人们的购买行为。

态度是人们对某个事物所持的持久性和一致性的评价和反应,它体现为个人对某种事物所具有的特别感情或一定的倾向。因此,态度能使人们对相似的事物产生相当一致的行为。当一个人的态度呈现为稳定一致的模式时,改变一种态度就需要在其他态度方面作重大调整。换言之,态度一旦形成,就不会轻易改变。消费者态度的形成是一个渐进的过程,消费者与产品或企业的直接接触、其他消费者的影响、个人的生活经历、家庭环境的熏陶均会影响消费者态度的形成。

信念是被一个人所认定的可以确信的看法。信念会影响情感,并制约行为倾向,从而导致某种态度,进而影响人的情绪。消费者对产品、品牌和企业的信念,可以建立在不同的基础上。例如:消费者认为吸烟有害健康,是以知识为基础的信念;认为汽车越小越省油,则可能是建立在一种个人见解的基础上。再如,有的人明知某个广告夸大其词,但是出于对该品牌的偏爱或一相情愿地认为对自己有用,还是产生了积极的情感。

设计人员应关注人们头脑中对其产品或服务所持有的态度和信念,即本企业产品品牌的形象。由于人们总是根据自己的信念而行动,如果一些态度和信念是错误的,就会妨碍其购买行为,因此企业要运用促销活动去纠正这些错误观念。

以上具体介绍的几方面的因素,是影响消费者购买行为的主要因素,是企业营销活动中重点分析的因素。除此之外还有一些因素,如消费者的年龄、性别、职业、个性、经济状况、社会阶层、态度等,对企业来说是不可控制或难以施加影响的因素。但还是要多方了解这些因素,因为它可以使企业更好地识别可能对其产品或服务最感兴趣的购买者,为市场细分和选择目标市场提供必要的线索,也为制订恰当的营销组合策略提供依据。另外,消费者的购买动机、感觉、知觉、学习、信念等因素,对企业营销策略和行为的选择同样重要,企业在了解这些因素的基础上,相应地制订营销策略,在一定程度上诱导消费者的需要,并产生驱使力——动机,在一定购买动机支配下产生购买行为。

四、影响消费者购买动机的产品设计属性

对于设计师来说,除了对消费者的购买动机施加影响外,设计的产品本身的内在属性才是消费行为完成的关键。例如,手机的购买除了满足人们的猎奇心理或炫耀心理以外,防水、超薄、可折叠、更易于操作、更美观等功能层面和设计层面问题的解决才是打开市场的钥匙。否则,iPhone 4 这样的产品也不会在众多同类型产品中脱颖而出,在手机销售榜上一路领跑。甚至在 2012 年的春节,在苹果店外排队买 iPhone 4S 手机的队伍一度长过购买春运火车票的队伍。我们从苹果可以看出,产品本身的属性才是制胜的法宝,这也体现了现代设计的形式与功能并重的特点。

1. 产品属性分析

产品属性分析又分为基本属性分析和边缘属性分析。基本属性是指构成产品的主要功能或用途的物理属性与文化属性。以面包为例,其主要原料是面粉,面粉作为营养物质这一基本属性构成了面包可以解决饥饿问题这一基本价值的物理属性。而货币则是最为典型的以文化属性作为产品的基本属性和基本价值的典型商品。

产品基本属性的数量有时可能只有一个,有时也可能有好几个,这要看具体的产品情况及其所限定的消费者范围。

边缘属性是指除了产品的基本属性之外,构成产品的其他次要功能或用途的物理属性与文化属性。再以面包为例,它的风味、造型、色泽、香气等边缘属性是构成它的边缘价值的物理属性。又如葡萄酒具有身份、品位等象征价值,则是葡萄酒的边缘价值。

所谓边缘,并不是说边缘价值是不重要的价值,而是指它的价值体现必须以基本价值为基础才能得以实现。边缘价值与基本价值对于消费者可接受的市场价格的影响权重是由产品市场的成熟程度及消费者的消费层次所决定的。一般来说,市场发展越成熟,消费者的消费层次越高,边缘价值对消费者可接受的市场价格的影响权重就越大。以奢侈品的消费价格为例,其边缘价值往往是制定销售价格的大部分依据。

消费者同时具有多种购买动机,而且在许多场合,这些动机会同时起作用,因而可能发生动机冲突。为了应对这些消费冲突出现的可能性,设计者和产品生产企业需要对此有所行动。美国心理学家马奇和西蒙曾经将动机冲突过程的决策模型用于描述消费者面对几种可供选择的商品必须做出选择时的情况。第一种可能是"不能确定",消费者对购买情况缺乏充分的信息,感到难以评价自己的选择。这时,提供消费者所需要的信息,可以帮助消费者做出明智的选择,从而促成购买行为的实现。第二种可能性是"不能比较",即在所提供的信息中,所有的因素及使用性相当,因而很难抉择。这种情况下,广告和其他营销宣传信息对消费者的行为有很大的影响。第三种可能是"不能接受",即消费者认为所提供的商品中没有一种可以接受,因此拒绝购买。这时,

消费者的需求未得到满足,可能转而采取别的方案,如换家商铺;在众多比较之后,消费者仍然有可能购买原先拒绝的商品。在这三种情况下,适当的设计宣传,可以很大程度上影响消费者的购买行为。

很明显,产品的属性、功能、价值始终是以人的需要为评价依据的,并且针对不同类型的人而言,其功能和价值往往也会有完全不同的性质。正因为如此,产品市场才具有了分类和细分的内在自然条件。

通过对产品属性、功能、价值的研究,我们事实上已经将消费者或潜在消费者对于这一产品的主要相关特征挖掘出来了。那么这一阶段的工作主要就是要对这些消费者特征进行第一个层面的分类细分。

2.产品属性的再设计研究

前面几个阶段所作的研究只是基于产品已被较为普遍地认同的属性而进行的,然而由于产品的物理属性和文化属性具有无限延展的可设计特征,在这个阶段我们可以根据对前面阶段分类的结果再对各类消费者的其他相关性需要进行挖掘,看是否还有一些需要可以并且有必要与目前的产品进行结合。这个阶段的工作事实上就是寻找空白市场或者说"蓝海"市场(未知的市场)的工作。在比较成熟的市场环境中,产品属性再设计工作通常是制订品牌战略,以实现品牌差异化、个性化的最为重要的工作。

3.消费动机条件分析

购买动机的实现除了要具备主体的需要和满足需要的产品之外,还会受到其他外部或内部因素的制约。也就是说,主体的需要和客体的功能价值(诱因)只是构成了购买动机产生的必要条件,但并未构成动机实现的充足条件,因此还必须满足其他条件的要求。另外,主体对产品及其文化的需要往往也不是完全靠本能就能驱动的意识性需要,而是由主体的内在条件及其所处的外部环境共同作用才能被主体意识到的需要。所以,在确定目标顾客的特征之前,我们还要对影响动机实现和形成的所有一般性条件通过各种动机研究技术、逻辑推理方法或心理分析方法等方式挖掘出来。这些因素主要包括消费者的购买力及消费者的自然特征、行为特征。

消费者的自然特征主要包括社会阶层、职业、收入、出身、年龄、健康、外貌、知识、性别、居住区域等方面。消费者的行为特征则主要包括生活方式、信念、价值观、习惯等方面。

4.设计师的动机分析

对产品的设计者来说,产品的产业和行业所属通常是既定的事实,因此即使还没有最后确定产品的形式和内涵,产品的一般性概念对于顾客价值的实现来说也是非常有限的。所以,以产品的各个属性为出发点,再去考量其之于顾客的价值及顾客的特征、制约的条件等的设计方法是符合逻辑的。但是,如果设计以消费者永无止境的需要为出发点去考量产品的属性价值的话,在第一步的工作上就决定了这种工作方式是永远没有尽头的,因此它是不切实际的。

设计产品不管它本身的定位是否正确,事实上对于表达这一产品价值的途径——产品的设计、设计的创意及表象识别(视觉、听觉等感官知觉手段和方法)设计均是缺乏逻辑指导的。因此在实际的执行中,通常只能依靠执行者的直觉、经验和个人价值观念来进行,这就造成了对消费者动机理解的模糊性和不可控制性,使所设计的产品的价值大大降低。真正与决定消费者消费行为具有最直接关系的是消费者的行为特征和产品与其呼应程度。

虽然消费者的任何需要均来源于生理、安全、归属、自尊、自我实现、冒险、求知和审美中的一种或多种需要,但从与消费动机有最直接关系的角度来说,需要通常都是工具性、手段性的需要,而购买动机才是连接终极需要与产品之间的桥梁。正因为如此,动机研究通常需要具有非常强的逻辑推理能力和丰富的心理学知识。

以包装设计为例,在平面设计领域,多数设计是商品流通中重要的促销手段,也是符合消费者心理诉求的媒介,它的重要使命是引起消费者注意并产生购买的欲望,其最重要的核心还是为了促销商品。要想引起消费者对产品的充分注意,引起消费者的兴趣,促使他们采取购买行动,这就必须应用心理学中的消费者消费动机原理分析来解答包装设计和消费过程出现的问题。从心理学的角度分析,消费者依靠实物和包装设计中的视觉表象来识别商品的属性,与抽象的概念说服相比较,前者更易于识别和记忆。包装设计要解决的中心问题是引导消费者理解新的生活方式,让消费者的行为及心理认识得到提升,并根据人类各阶层的心理需求来刺激人们购买动机的产生。一旦这种购买愿望出现,购买行为的发生才能成为现实。制订包装销售策略是企业制订商品消费策略的一个重要组成部分。如何正确地选择目标市场,刺激消费者的购买动机,是设计师首先要做的重要工作。消费者的购买行为既要满足他们的生理和物质需求。也要满足其精神层面的需求。如购买菜、奶粉、服装、鞋帽等物品,基本上是为了满足温饱、身体健康等生理需求;而购买书籍、杂志、电视机、DVD等则是为了满足精神上的需求。

从国内外对消费心理和行为研究的背景来审视包装设计可知,经济越发达的国家,其商品包装设计越注重对人心理的研究。因为商品生产量越大,剩余量也相应增大,为了将商品推销出去,促销活动必须频繁。随着商品供应的品种增多,消费者有了较多的挑选机会,从消费者心理行为角度出发而设计的商品包装更容易被广泛接受,反之则会被淘汰。真正尊重消费者的心理学策略是营销策略的法宝。商品包装是消费行为实施的客体,是消费者体验的媒介物,消费者对商品的情绪、态度在某种程度上决定和影响了商品的销售情况,这体现了消费者与商品之间的互动过程。包装设计最主要的功能就是传达产品信息,对消费者来说,产品的功能显得尤为重要。随着现代人们生活水平的不断提高,包装设计更应突出商品的信息功能和价值功能,让消费者购买到称心如意的商品。包装设计除了解决设计中的基本问题外,还应当着重探讨消费者的心理因素。设计必须关注人们在消费过程中的感觉、知觉与情感趋势的变化。消费心理研究主要目的在于吸引消费者的眼球,设计师要用强有力的视觉形象,如形态、图形、色彩等元素唤起消费者的注意及积极情感。包装设计的图、文、色及造型形态,对消费者来说是一种视觉元素的刺激物,这些刺激物必须具备一定的新奇特征才能引起消费者的注意,并产生共鸣,如附图27所示。在商品包装设计元素中,色彩的冲击力越强,商品包装展示的视觉效果越佳,就越能使消费者产生丰富的联想,诱发情感欲求,促使购买心理发生变化,达到销售目的。如果要用色彩来激发消费者的情感,应遵循一定的视觉规律和心理轨迹。心理学研究认为,在设计创意食品包装时,不要用或少用冷色调如蓝色、绿色等,应多用橙色、橘红色等能使人联想到丰收、成熟的色彩,这能更好地引起顾客的食欲,以促使消费者购买。就像我们购买补品时常常对用大面积暖色调的商品包装具有好感;而购买洗涤用品时则偏好冷色调的包装,这是消费者情感联想的作用,如附图28所示。成功的商品包装不仅应引起消费者情感共鸣和丰富的联想,还应当使消费者过目不忘。心理学认为记忆是人脑对过去经历过的事物的再现,是心理认识过程的重要环节。记忆的基本过程是识记、保持、回忆和再认,其中识记和保持是前提,回忆和再认是结果,只有识记和保持牢固,回忆和再认才能实现。因此,商品包装设计要想让消费者过目不忘,就必须体现出商品的鲜明形象和属性,即使用简洁明了的图形、文字,变化丰富的形态及能准确反映商品文化特色和现代消费的时尚理念,这样才能让消费者牢固记忆商品的品牌和商品的属性。包装的形式美感在于悦目,而最后还要悦心,因为只有悦心才可能使人们购买该商品。包装设计要从满足当今社会上各种类型的心理需求出发,注重人的情感需求和风俗习惯,以更醒目的包装来吸引消费者,通过人们所熟悉和能接受的视觉设计语言在包装与消费者之间达到信息传递的持续性运转,进而产生情感共鸣,这就要求视觉设计语言能为人所理解和识别,特别要为大众所理解和识别。

但是,消费者的购买动机并不是关注包装设计这一个要素就可以启发的,它还和影响人们购买动机的文化、社会及心理因素密切相关。就消费行为本身而言,人是为了满足某种需要才可能采取行动的,消费者到商场或超市购买某种商品的直接目的就是他们需要某一商品。例如夏季来临,人们会到商场或超市购买泳衣以备去海边游玩降暑。动机是由需要转化而来,但是人的需要不一定全部能转化为推动人去行动的动机,需要往往以愿望的形式被人体验到。很多人都希望自己皮肤红润白皙,如果在市场上没有与之对应功效的润肤霜,这种愿望就不能推动人们购买化妆品的行动,而仅仅是存在于心中的美好愿望。只有生产了这种特殊功能的产品,并且通过各种媒体的传播,使消费者了解和认识到能满足自己美容愿望的化妆品,然后才会去商场或超市购买。这就是在满足愿望的动机推动下的购买行动。只有这样,需要才真正转化为动机,成为人购买行为的原动力。有些消费者购买商品,一方面是为了使用,另一方面还要借此显示自己的时尚理念、个人品位和欣赏水平等,图4-4所示的产品就能吸引他们。又如,手机在当今社会并不仅仅是人与人通信的工具,在某些时候它像名片一样说明了购买者的身份和地位,甚至有的手机只是单纯追求形象和个人交往实现等,以满足购买者心理需求和精神层面的需要。如图4-5所示。

图 4-4　有着生活趣味的广告　　　　图 4-5　彰显时尚的像纸片一样可折叠的手机

商品包装最直接的目的是激发消费者进行购买,因此,引起注意是增强包装效果的首位因素。即使消费者并不想购买这一商品,也要促使他们对该产品的牌子、包装和商标等视觉元素产生良好的印象。经济收入较低的消费者往往更注重商品的价格和使用价值,对商品的要求是价廉物美,这是由一种购买动机支配的购买商品的行为;而经济收入较高的消费者往往对商品包装品质更为讲究,这部分消费者的购买动机相当复杂,是由生理、心理需要与精神及社会需要融为一体的整合,其中精神、社会需要占消费主导地位。墨子说:"食必常饱,然后求美;衣必常暖,然后求丽;居必常安,然后求乐。"这生动地阐述了人的需要是从低端向高端发展变化的进程,人们先是追求满足生理上的需要,而后才是追求精神上的需要。设计时只有考虑到这些综合因素,才能满足消费者心理需要,做到为人所用。例如,矿泉水瓶的包装设计如果只宣传解渴的作用而忽略水中所含人体需要的矿物质、微量元素等信息的传达,效果一定不会令人满意,因为现代消费者对饮用水的需要已不再仅仅是解渴,而是还需要补充人体内所需的一些微量元素。另外,设计还应体现水质来源、保证饮用安全等。达到以上要求,消费者才会被商品所打动,才能按着包装设计的信息购买矿泉水,以此满足生理和精神上的需要。如图 4-6 所示。综上所述,只有了解消费者购买动机的心理规律,才能使包装引导消费的作用得到真正体现。

图 4-6　矿泉水广告

人的心理活动是极其微妙和复杂的过程,也是设计师面临的研究课题,人们往往凭借自己的印象和理解来购买商品。据有关商品包装机构对消费者的心理需要测试表明,美丽与丑陋、高雅与粗俗、关注与排斥,这些心理上的情感诉求,不仅在个体层面上有差异,在国家、地区和文化的层面上也存在差异。所以作为一个设计师,必须了解市场动态和发展趋势,研究包装设计因素和分析消费者的心理需要诸要素。只有这样,才能准确地探索包装设计与消费者心理的再认识,从而提高包装设计的视觉传达水平,促使消费者产生购买商品的行动,达到改善人们生活方式和消费水平的目的。

消费者的购买行为有时是由一种动机支配的,有时是由多种复杂动机综合支配的,这些动机往往交织在一起构成购买行为体系。满足精神、社会需要的动机常常伴随满足生理、物质需要的动机。随着生活水平的不断提高,消费的需要也不断变化,因此在确立包装设计的目标和定位时,就应多从满足人们的社会生活和精神需要着想。

5.行为理论与消费者行为

需要、动机都是心理行为的动力因素,在心理过程中表现为驱使个体心理行为的动力,即心理过程的意动。人的心理过程具有多层次性。也就是说,人总是在不断追求需要的满足。消费者也是一样,他们存在某种层次的需要,这种需要在没有得到满足的时候,会使消费者产生一定程度的紧张感,这种紧张感就是动机,然后消费者就要采取相应的行为来缓解这种紧张感,这时候就出现了行为。

需要、动机、行为三者之间具有密切的关系。当人产生需要而未得到满足时,会产生一种紧张不安的心理状态,在遇到能够满足需要的目标时,这种紧张的心理状态就会转化为动机,推动人们去从事某种活动,去实现目标。目标得以实现就获得生理或心理的满足,紧张的心理状态就会消除。这时又会产生新的需要,引起新的动机,指向新的目标。这是一个循环往复、连续不断的过程。因此,需要是动机和行为的基础。人们产生某种需要后,只有当这种需要具有某种特定的目标时,需要才会产生动机,从而成为引起人们行为的直接原因。每个动机都有可能引起行为,但是在多种动机下,只有起主导作用的动机才会引起人的行为。

在具体的艺术设计过程中,研究消费者行为对于设计具有重要的指导意义。设计艺术的主体行为分为两类,一类是设计师作为主体的设计行为,另一类是消费者行为。其中,设计师的主体行为涉及很多学科的内容,例如平面设计需要一定的绘画基础知识、平面软件知识、具体的平面设计知识、设计心理学知识等。设计心理学里研究的主要是针对设计受众即消费者行为的设计行为,研究具体的艺术设计究竟会对消费者的行为产生怎样的影响,让这种影响反过来指导设计师的艺术设计。

消费者行为可以分为两个方面,一是购买行为(包括为购买行为所做的资料搜集等准备行为),二是使用行为。购买行为和使用行为都是我们生活中经常发生的行为。这两个方面的行为是相辅相成的,购买行为是使用行为的前提,使用行为是购买行为的目的和结果,并且,使用行为发生后的评价能直接影响后来的购买行为。也就是说,消费者使用行为发生后会选择再次购买或不再购买,并可以作为意见传播者,将使用中的正面意见或负面意见传播给他人,这种传播还可以影响他人的购买行为。

用户的使用行为在很大程度上是由设计师在设计时预先设置好的,这点我们应该都有体验。例如,我们想去买 MP3 播放器,不论是 MP3 播放器的功能还是外形,都是设计师设计好了的,我们只能在现有 MP3 播放器中进行选择。如果用户不能正确按照设计师预先设定好的程序使用产品,那么,就很难得出对这个产品的正面评价。除非这个产品在设计的时候就提供了使用行为的灵活性——消费者可以以更多的方式使用这一产品。那么什么是使用行为的灵活性呢?例如,数码相机这样的产品,它可供选择的拍摄模式有人像、风景、近距、文本、逆光、夜景、雪景等,这些模式代替了一般人不太懂的光圈、快门速度等专业设置用法。有些音响设计也是一样,一般的消费者都不太知道怎样的调节会有怎样的效果,而设计则同时提供了柔和、古典、激情、低音、摇滚等标准模式,这就是使用行为灵活性的体现。但是,现在像这样可以提供使用行为灵活性的产品非常少,作为设计师,也应该多考虑这一点。

虽然消费者的使用行为在设计师设计产品的时候早就设定好了,但是人的使用行为有个特点,就是消费者可以通过不断的反复操作行为使人们形成行为习惯。就像手机,很多人在刚开始购买的时候,通常是不熟悉、不了解这个手机的全部设置的,消费者最初一般要参考使用说明书来使用,等消费者用了一段时间之后,就会慢慢对这个手机变得熟悉,会形成一定的使用习惯。如果消费者再更换这个品牌的其他手机,甚至再换一个其他品牌的手机,也可以在很短的时间里很好地使用。这就是人的使用行为并不是固定不变的,而是可以慢慢习惯设计师的设计的。

随着科学技术的提高,产品的功能性问题不断地得到解决,产品的功能越来越强大、越来越专业化,但是设计师的设计不能只是重视功能而忽略消费者的使用习惯。作为设计师,应该为不同层次的用户提供不同的服务,满足不同用户的使用行为。因此,设计的时候,设计师应该多去了解目标用户的生活习惯和普遍特点,设想目标用户可能出现的使用行为。

第三节 设计与兴趣

一、什么是兴趣

兴趣是人们在研究事物或从事活动时产生的心理倾向,是激励人们认识事物与探索真理的一种动机,也是一种肯定的情绪体验。兴趣不同于爱好,爱好只是兴趣的一个侧面,两者都具有积极的喜好情绪。

二、兴趣的分类

兴趣是在需要的基础上产生的,是个体力求认识某种事物或从事某项活动的心理倾向,表现为从事该活动的选择性态度和积极的情绪反应。

1.兴趣的倾向性

根据兴趣的倾向性,可分为直接兴趣和间接兴趣。直接兴趣是由事物或活动本身所引起的兴趣,如新奇的东西、看小说或玩网络游戏等。

间接兴趣是指对活动的目的和结果的兴趣。如,幼儿园的小朋友不喜欢喝牛奶,老师告诉他们每天按时喝牛奶就奖励他们一个小玩偶,他们因此对喝牛奶多了一些兴趣。这就是一种间接兴趣。

2.兴趣的内容

根据兴趣的内容,可分为物质兴趣和精神兴趣。物质兴趣表现为对食物、衣服等客观物质的兴趣。对个人的物质兴趣必须加以正确指导和适当控制,否则会发展成畸形的贪婪形式,使人走上邪路。

精神兴趣主要是指认识的兴趣,表现为对客观事物的主动认识,即主动积极地学习,不满足于已经掌握的知识,不满足于已有的成绩,开动脑筋去钻研,进行创造性的学习等。精神兴趣能表明一个人的精神境界,是个性发展高水平的表现。这部分也是设计师需要重点培养的方向。

人的兴趣在倾向性、广泛性、稳定性(或称持久性)和效能性方面所表现出的不同的特点,叫做兴趣的品质。

1)兴趣的倾向性

兴趣的倾向性是指个体对什么发生兴趣。人们的各种兴趣指向是很不相同的:有人喜欢某种特定的色彩;有人喜欢有趣味的设计;有人喜欢中规中矩的设计;有人喜欢非主流的设计等。

兴趣的倾向性是人的生活实践和教育所造成的,并受一定的社会历史条件所制约。在阶级社会中,与阶级利益相关的兴趣倾向往往具有阶级性。个体在多种兴趣中必然有一种中心兴趣,表现出对某一事物更大、更浓厚的倾向性,这样的兴趣才能做出成绩,才能影响个性特点。

我们在设计中所研究的兴趣倾向性很重要的一点是设计受众的兴趣倾向性。这个方面有极大的变数,因为这种兴趣倾向性还包含人们过去所受的教育及地域文化的烙印。例如,北方戏曲在南方演得热火朝天仍不能打动观众;反之,在北方仅仅是简陋的舞台,依然能让观众随之一颦一笑而动容。

2)兴趣的广泛性

兴趣的广泛性是指个体兴趣的范围。人们的兴趣范围也不大一样,有人兴趣广泛,有人兴趣狭窄。

3)兴趣的稳定性

兴趣的稳定性是指对某种对象或活动能够持久地保持浓厚兴趣的一种品质。人们有了稳定的兴趣,才能经过长期的钻研获得系统而深刻的认识。艺术设计研究的通常是人们的稳定兴趣,比如男性往往对体育感兴趣,在针对男性的设计中可运用运动主题引起设计受众的兴趣,进而实现设计的使用价值。

4)兴趣的效能性

兴趣的效能性是指兴趣在人的活动中所产生的推动作用的大小。能推动人的活动的兴趣,才是效能较高的兴趣。

三、设计的兴趣呼应

在有关设计的艺术性问题讨论中,"趣味"这一概念与"美"有着同等重要的位置。在 19 世纪的美学运动及20 世纪的现代运动中,有关趣味的批评常与设计功能发生联系,尤其是现代运动的设计家对材料本身的偏爱和选择表明与新的设计趣味有关的理论已被当时的人们奉为圭臬(准则)。尽管如此,趣味仍然是一个极易引起争论的话题。随着后现代主义的兴起,趣味在其更为传统的意义上再次引起讨论。传统的美学很少在大学课堂上讲授,这是因为有个潜在的难题,即好的趣味与坏的趣味是由社会环境所决定的,因此趣味有着极强的社会和政治因素。许多人觉得好的趣味来自富有和良好的教育,这当然并非事实。一种观点认为好的趣味由文化所决定,但是在20世纪60年代,这种观点受到责难。起源于英国的波普设计表明,艺术家与设计师正是要抛弃传统的趣味标准以迎合大众美学趣味。第二次世界大战之后的一段时期里,高雅艺术与通俗艺术一直保持着相应的界限,但是到20世纪90年代,这种界限已被跨越。当高雅的歌剧咏叹调成了1991年世界杯足球赛的主题曲时,所谓高雅、通俗之分在当代已显得毫无意义。但是,长时间有意被回避的"趣味"在20世纪90年代再次成了热门话题。

设计的目的之一是满足人生而就有的猎奇心理,所谓猎奇心理的主要动因便是兴趣。往往意料之外的作品总能带给我们惊喜,这通常是因为一些回味无穷、充满趣味的优秀平面设计作品具有一个共性——趣味性。

提到饶有趣味的平面设计,不得不提到日本平面设计之父、设计大师福田繁雄(以下简称福田)。福田的海报语言简洁、幽默、巧妙并深刻,常以简练的线和面构成,具有强烈的视觉张力,充分显示了他对图形语言的驾驭能力。福田把异质同构、视错觉等理念,以视觉符号的形式重现在其海报作品上,并将这些原理以客观和风趣的形式呈现,使简洁的图形成为信息传递的媒介,因此其设计作品兼具了艺术性与精神性的内涵。附图29所示为福田设计的包含其本人影像的海报作品。

福田作品突显魅力的法宝,是对错视原理的精到掌握和应用。他善于运用图底关系、矛盾空间等错视原理,使其作品大放光彩。正如福田自己所说的:"我的作品,无论是平面的,还是立体作品的创作核心,都是围绕着以视觉感官的问题为前提来进行思考。"因此,他不断地对视错觉进行探索,将不可能的空间与事物进行巧妙的组合达到视觉上的新知,运用合理的与不合理的内容共同营造出奇异的视觉世界,在看似荒谬的视觉形象中透出一种理性的秩序感和连续性。

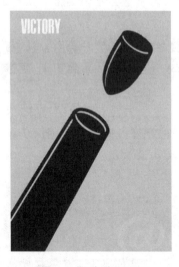

图 4-7 《胜利 1945》

如图4-7所示,为纪念第二次世界大战结束而创作的《胜利1945》海报,画面图形为一个粗大的炮筒和一颗像是刚刚发出的炮弹。福田非常巧妙地将炮弹的方向作了一个非正常的改变,使炮弹与炮筒形成了相反的、不合理的飞行方向,就是这么一个极富趣味性的改变,使"反对战争,祈祷世界和平"的作品主题在极为简洁明了的形式中得到了充分的展现,使作品的主题得到了升华,令人拍案叫绝。

福田的另一个绝招是运用图底关系原理,它有时也被称为正负形、反转现象或视觉双关原理。福田对图底关系原理的运用不同于荷兰著名的版画大师莫里茨·柯内里斯·埃舍尔对该原理的解读。埃舍尔是在诠释数学理念的基础上,对自然形态进行图底反转的契合,给观者营造一个不可能的世界。福田则是故意不明确交代图和底的关系,让图与底产生反转互融的现象,进而产生双重意象。

福田的海报还追求图形的单纯化(这里指在具象艺术范围内,力求相对单纯的形式与复杂的内涵间的统一,就形式而言,是以简约的结构包含复杂材料组合的有序整体),来诠释图与底的关系,即前面所说的图与底发生反转并彼此融合成一个整体,进而产生双重的意象,同时赋予整个画面无限扩展的空间感。例如,在1975年为日本京王百货设计的宣传海报(见图4-8)中,福田就开始利用图、底间互生互存的关系来探究错视原理。作品巧妙利用黑白、正负形成男女的腿,上下重复并置,黑色底上白色的女性腿与白色底上黑色的男性腿,虚实互补、互生互存,创造出简洁而有趣的效果,其手法为"正倒位图底反转"。作品中的男女腿的元素,也成为福田海报中具有代表性的视觉符号。

福田以简洁单纯和人性化的图形语言来展现他的视觉世界。因此,他使用最为简明的线、面造型,选择最有效的色彩表现形式,舍弃一切没有必要的视觉元素,使其作品主题释放出简洁明快,又具有视觉引力的特性。他的设计作品紧扣设计主题,富于幽默情趣,引人入胜。对任何创作主题他都拿捏得恰如其分。看似简洁,却耐人寻味;看似变化多端,却突显了一种严谨的连续性;看似荒谬,却透出一种理性的秩序感。无论其在错视原理上的精确把握,还是在异质同构上的出奇制胜,以及一贯的幽默诙谐风格,都毫不例外地突显其设计的智慧和趣味。他的每一幅作品都能使人产生新奇的联想,给人以人性化、哲理性和出人意料的视觉体验。这些都充分显示了这位国际平面设计大师对图形语言驾驭得游刃有余。他把设计的趣味性在设计中发挥得淋漓尽致,这种趣味性往往会强化人们的记忆,对设计留下深刻的印象,使得设计无论是作为产品销售,还是作为艺术品观赏,都能引起人们的共鸣。如图 4-9 所示。

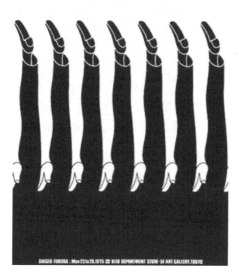

图 4-8　日本京王百货的宣传海报

图 4-9　福田繁雄海报设计之一

前面提到的荷兰著名版画大师莫里茨·柯内里斯·埃舍尔(Maurits Cornelis Escher,1898—1972)(见图 4-10),也是通过视错觉将趣味性融入设计的大师。

许多人都不知道埃舍尔与毕加索是同时代的人。毕加索作品中那些变形的物体,既有其对新画风的探索,也有艺术家对眼前扭曲世界的感悟。埃舍尔的后期作品虽然多为建筑或几何图形等抽象的主题,但其所揭示的规则、合理表象下的矛盾与荒谬,还有那天使与魔鬼互为背景的拼图,谁能说不是埃舍尔对这个世界的思考呢? 只是在他的脑袋里,世界是富有趣味的数学和空间的矛盾关系。他的很多设计让人看了都觉得很新奇,爱不释手,这怎能说不是呼应了人们对设计的兴趣呢? (见附图 30)

或许正是由于埃舍尔对数学、建筑学和哲学的深入了解,阻碍了他与同道的交流,他在艺术界几乎总是特立独行的,他甚至至今无法被归入 20 世纪艺术的任何一个流派。但是,他却被众多的科学家视为知己,甚至许多数学家认为他的作品中数学的原则和思想得到了非同寻常的形象化和对象化。他的版画曾被许多科学著作和杂志用作封面,1954 年,国际数学协会在阿姆斯特丹专门为

图 4-10　莫里茨·柯内里斯·埃舍尔

他举办了个人画展,这在现代艺术史上是罕见的。图 4-11 所示为埃舍尔的矛盾图形设计作品《凹与凸》。

20 世纪 90 年代后期,人们发现,埃舍尔 30 年前作品中的视觉模拟和今天的虚拟三维视像的数字方法是如此相像,而今天的一些电脑视觉模拟图像也几乎是埃舍尔的各种图像美学作品的翻版,他的作品充满电子时代和中世纪智性的混合气息。因此,有人说,埃舍尔的艺术是真正超越时代、深入自我理性的现代艺术。也有人把他称为三维空间图画的鼻祖。另外,埃舍尔的作品毫不拒绝观众,他所有的作品都充满幽默、神秘、机智和童话般的视觉魅力。哲学家、数学家、物理学家可以将其解释得很深奥,而每一个普通人也同样可以找到共鸣,即

使是孩子。图 4-12 所示为埃舍尔的矛盾图形设计作品《星》。

图 4-11 《凹与凸》   图 4-12 《星》

当然,设计的趣味性在很大程度上取决于我们对传统文化的继承和在新世纪里赋予它的新的内涵。设计巧妙的构思,可以把流传千百年的传说故事与现代产品相结合,用民族故事的趣味性来表达产品品质,以其独特、新奇、生动、有趣的创作手法来引起人们的关注,使观者难以忘怀,又在一定程度上传承了传统文化,这种设计作品的成功可以说在很大程度上是因为设计者把握住了传统文化的趣味特点,生动地运用了趣味性的创意,达到了很好的效果。

如果我们将招贴设计中的趣味性加以转换,这里的趣味性实质上就是艺术性,是一种经过深思熟虑的创意和艺术加工后的表现形式。我们知道,一幅招贴作品的成功与否往往取决于其中艺术含量的高低。作品的艺术性越强,其招贴设计的震撼力和感染力也就越强。在某种程度上说,趣味性正是构筑招贴作品艺术性的关键,招贴艺术以其特有的语言表达方式,生动、有趣地揭示出作品的主题和内涵。

随着世界文化的兼容、优势互补,世界文化正在以地球村的形式扩张着,人们对于流行文化的认同感更强。在这种前提下,人们对于趣味性的理解也越来越能超越时间和空间的界限,设计中的趣味性犹如人与人交往时的微笑,拉近了人与人的距离,缩小了时间和空间的距离。为了使设计获得这种趣味性,在设计中对于设计兴趣的满足便成为设计的出发点之一。有趣味性的设计让设计受众产生兴趣,从而产生审美体验也是设计的目的之一。

就设计对于兴趣的呼应来说,满足人们对设计兴趣的需求是设计的一方面;更重要的是,设计师如果想要设计出被更广泛的人群所接受的设计作品,其自身的兴趣也是推动设计进步的关键因素。同时,就正在学习设计的学生来说,兴趣是最好的老师,无数优秀的设计师毕生对设计抱有的浓厚兴趣才是支撑他们不断有好的新作品问世的关键。所以,设计专业的学生多涉猎与专业相关的书籍,培养自己对设计的兴趣,也是十分必要的。

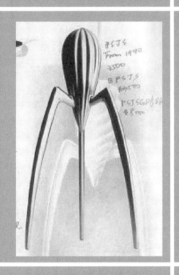

第五章

设计与创造性

第一节　创造性思维

第二节　创造能力

第三节　创造力测验

第一节 创造性思维

思维是人脑对客观现实的间接和概括反映。它是借助言语实现的,是揭示事物本质特征及内部规律的理性认识过程。概括性和间接性是人的思维过程的重要特征。

心理学对思维种类的划分有多种方式:根据在思维过程中的凭借物的不同,可将思维分为动作思维、形象思维和抽象思维;根据思维探索目标的方向不同,可将思维过程分为聚合思维和发散思维;根据思维结果是否经过明确的思考步骤和对过程是否有清晰的意识,可分为直觉思维和分析思维;根据思维的创新程度,可分为常规性思维和创造性思维。

一、什么是创造性思维

常规性思维是指人们运用已经获得的知识经验,按现成的方案和程序,用惯常的方式、固定的模式来解决问题的思维方式。

创造性思维是指以新异、独创的方式来解决问题的思维。例如,建筑师设计一个新的项目,设计师设计一种新的产品。创造性思维是人类思维的高级过程。许多心理学家认为,创造性思维是多种思维的综合表现,它既是发散思维与聚合思维的结合,也是直觉思维与分析思维的结合;它不仅包括抽象思维,也离不开创造性思维。

二、创造性思维的特点

创造性思维要以新颖独特的方法解决问题,通过这种思维不仅能揭示客观事物的本质及内部联系,而且能在此基础上产生新颖的、独创的、有社会意义的思维结果。设计的产物既然是新颖的、有社会意义的,那么由此可见,创造性思维在设计过程中意义重大,我们甚至可以说,没有创造性思维,流于平庸的设计作品算不上是设计。

1.新颖性

创造性思维不同于一般的思维活动,它要求打破惯常的解决问题的方法,将已有的知识经验进行改组或重建,创造出个体前所未知的结果。新颖性是创造性思维和设计共有的最本质的特征。

2.创造性思维是发散思维和聚合思维相结合的产物

在创造性思维活动中,固然要求发散思维,可以尽可能多地提出假设方案,提出更多的假设来更好地解决更多的问题,这也是设计方案阶段打开局面的好办法。然而,创造性思维还必须根据一定的标准,从众多的选择中找出最合适的方案,或经过检验采纳某一种方案,这就必须经过聚合思维。例如,当景观项目的设计任务书下达以后,设计师要根据任务书中提供的场地现状、文化现状来综合甲方的意向要求,提出景观设计方案,在这个方案的提出过程中,头脑风暴法为多角度地、全方位地、尽可能多地提出方案提供了可能。所以,在很多设计公司,当接到项目后,项目经理需要在第一时间召集设计人员出谋划策,集思广益,提出新颖的设计方案。当各种方案提出后,面对众多的想法,结合现实要求、设计风格和甲方意向,将不可能的方案剔除,留下可行性方案;或者通过发散思维得到的众多方案可以在创新的要求下聚合或者相互配合得到合理的又不乏创意的解决方案。但是,当设计方案被否定并要求改正时,设计又回到需要发散性思维来提出新突破的循环中。

这种先通过发散思维,后进行聚合思维而解决问题的过程就是创造性思维过程。因此,设计师的创造性思维活动的完整过程,是从发散思维到聚合思维,再从聚合思维到发散思维的多次循环、不断深化才得以完成的。只有发散思维和聚合思维的有机结合、协调活动,才有可能发现设计各要素之间的新联系,提出新的假设,形成新的方案。

3. 创造性想象的积极参与

创造性想象的积极参与是创造性思维的重要环节。因为创造性想象提供的是事物的新形象，并使创造性思维成果化。所以设计作品中新形象的创造，设计方案中新假说的提出，新的产品或设计表达方式的发明都离不开创造性想象。正如抽象绘画的出现，不仅是运用艺术语汇表情达意，也留给观者想象的空间。设计的精彩之处不仅是创造性想象参与到设计过程中，设计受众的创造性想象也参与到设计作品的使用过程中。

4. 灵感状态

灵感状态是创造性思维活动的又一典型特征。所谓灵感，是指人在创造性思维过程中，某种新形象、新概念和新思想突然产生的心理状态。它是人在集中全部精力去解决思考中的问题时，由于偶然因素的触发而突然出现的顿悟现象。任何创造性的思维都离不开灵感，许多多产的设计师直到晚年依然保有旺盛的创作生命力，灵感不枯竭也是不可忽视的原因。

三、创造性思维的过程

创造性思维的过程是指在预设的设计问题情境中，新思维从萌发到形成的整个过程。科学或艺术的创作大致都经历以下四个阶段。

1. 准备期

在准备期，创造活动（即设计活动）需要积累有关知识经验，搜集相关资料和信息，为创造作准备。设计师在创作之前都需要对所要进行的创作多加了解，然后才能从旧设计中发现新的设计亮点，这就是设计史对设计的贡献，也充分说明了设计素材的搜集的重要性。

2. 酝酿期

这是指在已积累经验的基础上，对设计任务和设计资料的深入探索和思考的时期。设计者不仅要对设计对象积累足够多的知识和经验，具备相当的设计基础，而且要开始对设计对象和资料进行深入的探索和思考。在酝酿期，当设计者遇到新的设计项目、面对新的设计问题进行各种尝试仍然不能找到设计突破口时，看似陷入僵局的设计过程事实上并未停止，这个时候个人的意识中可能已不再有意识地去思考设计问题，而创造性思维的酝酿期多属于潜意识过程，这种潜意识的思维活动也极有可能孕育着解决问题的新观点。这就是为什么有时候在才思枯竭无法创新的时候，出去采风或日常的生活体验往往能给人以设计灵感。事实上，在设计者放松的时候，设计的观念依然在潜意识中持续着创作活动。

3. 豁朗期

这是设计活动最终能否走向成功的关键期。豁朗期是指新思想、新观念、新形象产生的时期，又叫灵感期。设计灵感的产生有时候是突然的，甚至是戏剧性的。这就是为什么有时候好的设计灵感产生于浴缸中，有的设计灵感产生于咖啡馆中，有的设计草图则画在餐馆的纸巾上。心理学上往往从格式塔心理学的角度来解释这种现象。无可否认的是，这种顿悟来源于平日里的设计思维锻炼、设计知识的积累及创新意识的共同作用。没有这些整体铺垫，灵光一现也只可能是无凭无据的空想，不能称其为功能至上的设计。

4. 验证期

验证期是指对新的设计观念或设计思想进行验证、补充或修正，使其趋于完善的时期。在豁朗期获得的设计想法必须通过逻辑角度加以验证，考虑设计在工艺施工或材质选择上的可行性。这种论证要求周密、正确，为正确的结果负责，这个过程为设计最终走向完美提供了先决条件。

四、创造性思维的培养

创造性思维是在一般思维的基础上发展起来的，它是后天训练和培养的结果，创造性思维的培养应该注意以下几个方面。

1.激发设计动机,培养创新兴趣和求知欲

首先,正确的设计动机是激发设计师积极性、主动性的重要动力,也是发展创造性思维的必要条件。在设计活动开始之初,足够的学习和动手参与设计实践是提高设计能力的必经之路。要树立正确的学习观,将学习与设计实践活动结合起来,自觉主动地提高学习效率、提升设计水平,并运用已掌握的知识独立地分析设计要求及设计需解决的问题,积极地开展创造性思维活动。只有那些对设计有兴趣,抱有以设计改变生活的观念的人,意志坚定的人,能积极主动地为设计积累知识的人,才能形成和发展创造性思维能力。

其次,兴趣能激励人们深入地钻研和思考问题。因此,它也是发展创造性思维的因素之一。一个人对于某一个事物产生浓厚的兴趣,就会坚持不懈地去探索、思考该事物的奥秘,尽全力解决问题,因此,广泛而稳定的兴趣对发展创造性思维能力尤其重要。

最后,求知欲也是激发创造性思维活动的因素之一。求知欲旺盛的人,对所面临的问题绝不满足于现成的答案或书本上的结论,而是积极地去思考和探索,去寻找问题的答案,试图发现新问题、做出新解释。求知欲与好奇心有关,好奇心是激励人们探究客观事物奥秘的一种内部动力。当一个人头脑中已有的概念同客观事物发生冲突时,就会产生好奇心,从而引发思考,促进进一步探索未知的情境,发现未掌握的新知识,甚至可能会创造出前所未有的新事物。因此,好奇心和求知欲的激发对培养和发展创造性思维是十分必要的。

图 5-1 安藤忠雄

日本著名的建筑设计师安藤忠雄(以下简称安藤)是当今最为活跃、最具影响力的世界建筑大师之一。在30多年的时间里,他创作了近 150 项国际著名的建筑作品和方案,获得了包括有"建筑界诺贝尔奖"之称的普利兹克奖等在内的一系列世界建筑大奖。安藤还开创了一套独特、崭新的建筑风格,以半制成的厚重混凝土,以及简约的几何图案,构成既巧妙又丰富的设计效果。安藤的建筑风格静谧而明朗,为传统的日本建筑设计带来划时代的启迪。他的突出贡献在于创造性地融合了东方美学与西方建筑理论,遵循以人为本的设计理念,提出"情感本位空间"的概念,注重人、建筑、自然的内在联系。安藤还是哈佛大学、哥伦比亚大学、耶鲁大学的客座教授和东京大学的教授,其作品和理念已经广泛进入世界各个著名大学建筑系,成为年轻学子追捧的偶像。图 5-1 所示即为安藤。

安藤并不是学建筑出身,并未受过正规的建筑教育,仅在建筑公司工作过一小段时间。在成为建筑师前,他曾任货车司机和职业拳手,其后在没有经过正统训练下成为专业的建筑师。正因为此,安藤素有"没文化的日本鬼才"之称。安藤是利用拳击比赛赢得的奖金,前往美国、欧洲、非洲和亚洲其他国家与地区旅行,也顺便观察各地独特的建筑。那时候,他的摄影作品被用在建筑师路易·康的作品集中。青年时期在世界各地的旅行和游历中,各国建筑的魅力深深触动了安藤,他开始对建筑产生了强烈的兴趣,并自学建筑方面的知识。安藤参观了万神庙后,对其静态几何的布局形式所呈现的垂直发展的空间与日本建筑具有的明显水平方向性的空间概念形成的对比产生了好奇。日本建筑和万神庙是东西方建筑空间的典型代表,两者存在着强烈的冲突,安藤就是要将这两种对立的空间观念融和起来,使创作设计独树一帜。在思考了西方建筑和东方建筑的异同后,安藤设计了一系列的作品,这些作品都借用了西方现代主义设计的设计语汇,却传达着浓浓的日本禅宗思想(见附图 31)。有人说他是建筑史上东西方文化交融下诞生的怪才,也有人认为安藤的建筑是几何和自然交织下最和谐的乐章。1995 年,安藤获得建筑界最高荣誉普利兹克奖。至今,安藤的作品已经遍布世界的各个角落,上海国际设计中心也是安藤的设计作品(见附图 32)。所以,若没有对建筑的学习兴趣和强烈的求知欲,我们的世界该缺少多少默默地用清水混凝土改变着环境、感召着芸芸众生的美丽建筑啊!

2.改变传统的评定设计的观念,鼓励创造性行为

设计专业相对于其他专业来说是个较年轻的专业,现代设计教育是建立在德国包豪斯学院开创的包豪斯

现代设计教育的基础之上的。在 20 世纪末,我国的设计教育依然在苏联式的教育模式里迷迷糊糊地前行。中国社会的高速发展,人民生活情趣和审美标准的提高,催生着设计教育向前发展。艺术类专业的特点就是教学与创作相互依存,艺术创作的过程贯穿于教学的过程中。由于受艺术教育个性化特点所影响,除基础课知识之外,学生的创作要具备一定的个性和创造性,不要求统一的公式和模式,但要求有创见的艺术表现和个性语言。据相关资料显示,我国一半以上的综合院校已经开办了艺术设计专业。纯艺术以个性表现为主,而艺术设计则以满足社会实际需要的技能为主。艺术设计院校的专业设置和教学模式与普通文理科有着较大的差异性,因此不同学科的教学目的和培养方向应该各有侧重。但是如今,随着每年艺术生赶考的人流涌动,艺术院校培养的学生却越来越被批评为没有创造性思维。近十多年来,伴随着我国艺术设计专业逐年扩招的趋势,艺术高校也应在发展中适时地调整专业结构和方向,建立结构层次合理的艺术培养格局。图 5-2 和图 5-3 所示为艺术设计的动画形象,图 5-4 所示为参加艺考的场景。

图 5-2　美国人创造的功夫熊猫

图 5-3　中国红极一时的动画形象

图 5-4　参加艺考的汹涌人潮

　　艺术教育模式设置的差异性及个性化的特点,使它不同于文科以掌握学科知识为主的教学模式,或是理科以实验操作为主的教学模式。

　　目前,现代艺术设计教育普遍出现的问题就是,在中国整体设计大环境下,甚至可以说是在长期求同的应试教育模式下,学生对求异的愿望和创造性思维的缺乏成为阻碍现代设计学院学生发展的瓶颈。作为学生的导师,需要改变传统的评定成绩的观念,积极鼓励创新性行为。

　　美国教育心理学家托兰斯(E. P. Torrance),曾就如何尊重学生意见、培养学生的创造性思维,向教师提出以下五点建议:

　　(1) 尊重学生提出的任何幼稚甚至荒唐的问题;

　　(2) 欣赏学生表示出的具有想象力与创造性的观念;

　　(3) 多夸奖学生提出的意见;

　　(4) 避免对学生所做的事情给予价值判断;

　　(5) 对学生的意见有所批评时应解释理由。

　　这就需要在培养未来设计师的过程中,教育的双方参与者都要做出努力。我们甚至可以说应试教育的弊端对设计专业的伤害最深;反之,正确的改革后对于设计专业的提高也最快。设计教育者应该鼓励学生的创造性学习和实践,并为这种学习而创造好的氛围。

3.培养学生的发散思维和聚合思维

　　不少心理学家认为,发散思维是创造性思维的最主要的特点,是测定创造力的主要标志之一。设计就要

"条条大路通罗马",使用不同的方法走不同的路,由此能得到迥然各异的设计。例如,相同的设计题目,当设计造型、色彩、材质中的某一个要素发生变化时,设计都会呈现出异于其他的面貌,如附图33和附图34所示。

美国心理学家吉尔福德认为,发散思维具有独创性、灵活性和流畅性三个特征。所谓独创性是指对问题能提出超乎异常的新颖独特的见解,因而它更多地表征着发散思维的本质。灵活性指的是思维灵活,能触类旁通、随机应变,不受功能固着和定势的约束,因而能产生超常的构想,提出不同凡响的新概念。流畅性指的是智力活动灵敏迅速、畅通少阻,能在比较短的时间内发表较多的观念,它是发散思维的量的指标。独创性、灵活性和流畅性三者是相互联系又相互制约的,有流畅性才有灵活性,而灵活性本身也是一种流畅性。只有既有流畅性又有灵活性,才能创造出超乎寻常的新颖独特的观念。因此,要在设计的过程中培养设计师的发散思维能力,应从培养思维的独创性、灵活性和流畅性入手,启发设计师从不同方面对同一问题进行思考。提倡"一题多解",就需要培养设计师分析素材的能力、概括设计的能力、超凡的判断力和推理能力,再根据自身对设计的理解,找到多个解决问题的办法。

4.引导初学者积极参与创作活动

现代设计教育自包豪斯设计教育开始,就以注重实践和创造而异于其他学科。包豪斯的教育体系启示了现代设计教育的发展,传承了设计教育的理论体系。包豪斯认为,"建筑家、雕刻家和画家们,我们都应该转向应用艺术"。如图5-5和图5-6所示。

图 5-5　包豪斯的现代设计风格校舍

图 5-6　包豪斯校内刊的书籍装帧设计

艺术应该为功能服务。包豪斯宣言中说:"艺术不是一种专门职业。艺术家和工艺技师之间在根本上没有任何区别。艺术家只是一个得意忘形的工艺技师。在灵感出现并超出个人意志的珍贵片刻,上苍的恩赐使他的作品变成艺术的花朵。然而,工艺技术的熟练对于每一个艺术家来说都是不可缺少的。真正创造想象力的根源即建立在这个基础上。让我们建立一个新的设计家组织。在这个组织里面,绝对没有那种足以使工艺技师与艺术家之间树立起自大屏障的职业阶级观念。同时,让我们创造出一幢将建筑、雕刻和绘画结合成三位一体的新的未来殿堂,并用千百万艺术工作者的双手使之矗立在云霄高处,成为一种新信念的鲜明标志。"

包豪斯认为,好的艺术想法必须得以争取表达,设计才算得以完成。作坊与作坊大师是包豪斯时代的教育特色,在今天仍有十分重要的意义。包豪斯认为艺术是教不会的,不过,工艺和手工技巧是能教得会的,这就解释了包豪斯为什么以作坊为基础。"学校为作坊服务,将来还会被作坊所吸纳",在包豪斯学院里不分教师和学生,只有"大师、熟练工人和学徒",所以学生们是在实干的过程中去学,他们与比较有经验的人进行合作,或在前辈的指导下,通过实际制作物品来学会一些东西,这是由教学中要求掌握的技能所决定的。包豪斯根据当时的教学需要,组建了金工作坊、纺织作坊、木工作坊、陶艺作坊。如图5-7所示。学生的课程学习也分为两部分:一部分是课堂上教授的设计方式、法则;另一部分则是跟着作坊的熟练师傅学习工艺方法,如金工作坊是要求学生掌握各类金属的加工工艺技术,而陶艺作坊中学生可以将自己设计的器物形状运用到制作上,同时掌握捏塑、泥条盘筑等造型方法。通过作坊这个特殊的教学场地，不但使学生掌握了各种生产技术、技能，提高了学生的实际动手能力，而且使教学的成果直接以产品的方式展现。作品的展示与取得企业生产的订单相联系，通过社会这个渠道使教学的成果产生经济效益，为教育经费的投入作补充。包豪斯的作坊里所生产的产品，如墙纸、灯具等，是当时流行一时的畅销产品。如包豪斯的学生马歇·布鲁尔（Marcel Breuer，1902—1981）在1925年设计了世界上第一把钢管椅子，该椅子是献给他的老师瓦西里·康定斯基，故而取名为瓦西里椅子，如图5-8所示。包豪斯学院迁到迪索以后，布鲁尔成为家具部的设计老师，在这期间，他设计出了一系列杰出的家具，在世界上首创钢管家具。他从他的"阿德勒"牌自行车的车把上得到启发，从而萌发了用钢管制作家具的设想。1925年，他设计的第一把钢管椅子——瓦西里椅子，造型轻巧优美，结构单纯简洁，同时具有优良的性能，这种新的家具形式很快风行世界。如图5-9所示。瓦西里椅子曾被称作20世纪椅子的象征，在现代家具设计历史上具有重要意义。图5-10所示为另一种钢管椅子。由于钢管家具具有包豪斯最典型的特点，以至于被后人认为是包豪斯的同义词。

图5-7　包豪斯的纺织作坊

图5-8　瓦西里椅子

图5-9　20世纪90年代我国以钢管家具为主的公交车

图5-10　法国设计大师菲利浦·斯塔克设计的钢管椅子

　　我国拥有世界上数量最庞大的设计队伍，同时也拥有世界上最大的设计市场。然而我国的设计体系却并不完善，与我们所面对的巨大机遇和挑战相比显得极其脆弱。时至今日，在从"中国制造"到"中国设计"、从制造型经济到创意产业的发展过程中，我们会发现，作为核心要素的我国设计艺术的发展面临瓶颈。作为设计新生力量培养的设计教育必然也要审视自己的角色，并在发展中不断调整。基于历史原因，以前从事设计教学的教师主要分为两大类，即艺术院校纯艺术专业的毕业生和理工科院校机械类专业的毕业生。由于我国设计教育的起步较晚，真正接受过设计教育，又投身于设计教育事业的教师少之又少，因此在实际教学过程中很容易出现"极艺"或"极理"的情况。而设计又往往是艺术与技术的集合体，单凭一腔热血设计出的艺术品可能缺少使用功能，曲高和寡而不能实现应用价值，或者拥有高性能和高科技却因外观丑陋而被抛弃，这都不是设计教育想要的结果。

　　设计是一门不折不扣的综合学科，它不能像以前的文、理、工科那样有清晰的界限，它往往是几个学科的综合。

设计教育具有特殊性。例如工业设计,既要求学生有很强的造型能力,对色彩有独到的见解;又需要学生掌握人机工程学、材料成型工艺、产品结构等相关工科知识,不可偏颇。又如环境艺术设计的学生,不仅要了解建筑知识、部分城市规划知识、景观植物学知识等,同时也与工业设计专业的学生一样需要了解人机工程学。而工业设计和机械设计的区别、环境艺术设计和建筑结构设计的差别,就在于艺术设计的教育不仅培养动手实践能力,学科也建立在美术的基础上。这门学科以艺术学为基础,将造型、色彩、材质等"骨肉"加入设计中,使平凡的事物散发灼灼光辉,将愉悦的体验带给使用者。我国艺术设计学领域不乏国学大师,如朱光潜等大师就曾为设计艺术举起了前行的明灯,但是,如何平衡教学中艺术和技术的相消相长,始终是设计教育改革中的难题。在如今艺术扩招的前景下普遍存在的问题是,培养出的学生重个性与艺术表现,轻技术与实践操作能力。往往是学生能够做出漂亮的效果图,但由于缺乏对于材料、加工工艺等方面的认识,设计只能流于形式,纸上谈兵。

设计教育中轻技术的后果就是:没有经过实践,设计的方案是否可行无法得到验证;设计经验的积累少之又少;能够在实践中产生的创意灵感少,使得设计鲜有出彩之处。多年以来,企业和设计院校之间的关系是院校负责向企业输送人才,企业则只管挑选、使用和管理人才。创新是企业的立足之本,但凡成功的企业,无不是将创新作为核心竞争力,而设计正是企业创新的有效武器和强力支撑,因此许多企业都将设计纳入其发展战略中。面对国外优秀企业的成功经验,快速发展的我国企业也对设计与创新有所认识并积极尝试,但现实却是设计并未广泛成为我国企业的核心竞争力。这是否是因为我国的设计教育和设计的整体实力不足以给予我国企业有效的支撑? 答案并不尽然,我们不难发现许多国外企业依托我国国内的设计资源形成了它们的竞争能力。由于高校学制和培养模式的局限性,往往会出现一些学生重理论轻实践,与实际操作脱节的尴尬局面,这部分学生成为设计师后,在企业面对激烈的市场竞争时,其设计的产品显得脆弱不堪。在我国许多企业,设计只能试图"抄越"来改变止步不前的尴尬局面,而不是运用创造性思维做到"超越"。如图 5-11 所示。反观同是亚洲国家的日本和韩国,则为我们做出了好的表率。日本的索尼和松下,韩国的三星和现代汽车都是世界 500 强企业,这些企业充分认识到设计艺术在创意经济中所处的重要地位,积极投身于设计教育事业。韩国的振兴设计院就是极好的例子,它由企业和政府共同出资培养设计人才,带来了企业和社会的双赢。图 5-12 所示为三星的一款创意概念手表电话设计。相比之下,我国企业对于设计教育的投入还显得十分单薄,对于学生创新设计的刺激因素不足,因此,设计创新在强大的消费市场利益面前捉襟见肘。

图 5-11　强大的国产山寨机　　　　图 5-12　三星 Proxima 概念手表电话

面对今天的设计教育,创造性思维的培养已经成为越来越重要的目标。因为设计类院校学生创造性思维的培养不仅关乎设计师本人的设计创作产量、创作质量,同时与新世纪中国的设计走向、能否和全世界最强大的劳动力市场相结合而创造出足以翻开历史新篇章的灿烂文明休戚相关。

第二节　创造能力

创造能力是指善于运用前人经验,并以新的内容和形式来完成工作任务的能力。它是设计师应具备的能力之一,也是设计活动开展的基础。设计的过程既要遵循一定的规律,又不能囿于固定的模式。应随着社会的发展、环境的变化和工作的需要不断地对设计的内容和形式进行创新、补充和完善,使之更为丰富。有人说设计师需要天赋,但是我们亦不可忽视后天的学习,以及在兴趣和个人意志的推动下,创造能力的培养和提高对于设计师的作用。

一、什么是能力？什么是创造能力？

能力是指人们成功完成某种活动所必须具备的个性心理特征。能力有两种含义:其一是指个人现在实际"所能为者";其二是指个人将来"可能为者"。个人"所能为者"是指一个人的实际能力,比如,一个人一天可以画一套住宅设计施工图,或者能运用拉坯法制作陶艺等。"可能为者"是指一个人的潜在能力,它不是指已经发展出来的实际能力,而是指可能发展的潜在能力。实际能力和潜在能力密切相关。潜在能力是实际能力形成的基础和条件,实际能力是潜在能力的展现。

为了成功地完成某种活动,个人多种能力的完备结合称为才能。例如,平面设计才能包括对平面设计各要素的掌握,在设计过程中运用思维的创新能力,以及材质运用的灵活性等。才能的高度发展就是天才,它是多种能力的最完备的结合,它使人能够创造性地完成某种或多种活动。在设计的各个领域都不乏天才,他们拥有出色的综合能力来应对设计的各个要素。建筑界有安东尼·高迪,工业设计领域有雷蒙德·罗维,平面设计领域则有福田繁雄。天才并非天生具备特殊才能,它是在良好素质的基础上,通过后天环境、教育的影响,加上自己的主观努力发展起来的。天才和天才人物亦受社会历史条件的制约。社会的进步、时代的要求和实践的需要,会激发不同类型天才的发展。

心理学对人的能力有四种划分方式:一般能力和特殊能力;流体能力和晶体能力;认知能力、操作能力和社交能力;模仿能力、创造能力。

1.一般能力和特殊能力

一般能力是指观察、记忆、思维、想象等能力,通常也叫智力。它是人们完成任何活动所不可缺少的,是能力中最主要又最一般的部分。特殊能力是指人们从事特殊职业或专业所需要的能力,例如音乐中所需要的听觉表象能力。人们从事任何一项专业性活动,既需要一般能力,也需要特殊能力。二者的发展也是相互促进的。

2.流体能力和晶体能力

流体能力是指基本心理过程的能力,它随年龄的衰老而降低。晶体能力是以学得的经验为基础的认知能力,如人类学会的技能、语言文字能力、判断力、联想力等,与流体能力相对应。晶体能力受后天经验的影响较大,主要表现为运用已有知识和技能去吸收新知识和解决新问题的能力,这些能力不随年龄的增长而降低,只是某些技能在新的社会条件下变得无用了。晶体能力在人的一生中一直在发展,它与教育、文化有关,并不因年龄增长而降低,只是到了25岁以后,其发展速度渐趋平缓。

3.认知能力、操作能力和社交能力

按照能力的功能不同,可划分为认知能力、操作能力和社交能力。

认知能力是指接收、加工、储存和应用信息的能力。它是人们成功地完成各种活动最重要的心理条件。知觉、记忆、注意、思维和想象等能力都属于认知能力。美国心理学家加涅提出了三种认知能力:言语信息(回答世界是什么的能力)、智慧技能(回答为什么和怎么办的能力)及认知策略(有意识地调节与监控自己的认知加工过程的能力)。

操作能力是指操纵、制作和运动的能力。如劳动能力、艺术表现能力、体育运动能力、实验操作能力等都是操作能力。操作能力是在操作技能的基础上发展起来的,又成为顺利地掌握操作技能的重要条件。

认知能力和操作能力紧密地联系着。认知能力中必然有操作能力,操作能力中也一定有认知能力。

社交能力是指人们在社会交往活动中所表现出来的能力。如组织管理能力、言语感染能力等都是社交能

力。在社交能力中包含有认知能力和操作能力。

4.模仿能力和创造能力

模仿能力是指通过观察别人的行为、活动来学习各种知识,然后以相同的方式做出反应的能力。而创造能力则是指产生新思想和新产品的能力,也称创造力。

能力与大脑的机能有关,它主要侧重于实践活动中的表现,即顺利地完成一定活动所具备的稳定的个性心理特征。能力是在运用智力、知识、技能的过程中,经过反复训练而获得的。能力是人依靠自我的智力、知识和技能等去认识和改造世界所表现出来的身心能量。各种能力的有机结合,起质的变化的能力称为才能。才能的高度发展,创造性地完成任务的能力称为天才。

如前面曾经介绍过的,法国设计师菲利浦·斯塔克是 20 世纪末西方最有影响力的设计师之一,同时也是一个发明家、思想家。他的作品涵盖了建筑、室内设计等众多领域,包括食品、刀叉餐具、厨房用品、沙发座椅、摩托车、宴会展示场和建筑。不论小到清洁口腔的牙刷,还是尺度巨大的建筑物,他都可以显示出对细节的同样执著。图 5-13 所示为菲利浦·斯塔克。

在设计领域,仿生设计是对自然界或自然社会的模仿,这种模仿能力并不止步于简单的模仿,而是将自然界的美经过分析、重构而融入到设计中。仿生设计主要是运用工业设计的艺术与科学相结合的思维和方法,从人性化的角度,不仅在物质上,更在精神上追求传统与现代、自然与人类、艺术与技术、主观与客观、个体与大众等多元化的设计融合与创新,体现辩证、唯物的共生美学观。仿生设计的内容是模仿生物的特殊本领,利用生物的结构和功能原理来设计产品。毫无疑问,斯塔克是这方面的专家,他能从普通的生物或普通的事物出发,以仿生的方式放大我们的人生,让设计既合情合理又充满情感置换的乐趣。他设计的三只脚的椅子是为了满足客户站着工作的需要,在设计中他创意地模仿了牙齿的形态,将这个稳定的形态引入设计中,如图 5-14 所示。

图 5-13　菲利浦·斯塔克　　　　　　图 5-14　菲利浦·斯塔克的椅子设计

模仿能力和创造能力互相联系、相互渗透。创造能力是在模仿能力的基础上发展起来的。人们总是先模仿、后创造,从模仿发展到创造。模仿在设计中可以说是创造的基础和前提,创造是模仿的发展。所以,许多设计大师在成为大师之前都有在前辈的设计事务所工作的经历。设计经验的积累、对知名设计的模仿,往往是打开设计思路的有效方法。把能力划分为模仿能力和创造能力是相对的,模仿能力中包含有创造能力的成分,创造能力中包含有模仿能力的成分。这两种能力相互渗透,相互影响。

斯塔克设计外星人榨汁机的时候恰逢斯皮尔伯格的影片《ET 外星人》风靡全球,人类对未知世界的好奇心高涨。该榨汁机的功能并不如现代电动榨汁机好,但是它模仿外星人的形态,极大地迎合了当时各年龄层外星迷的喜爱,如图 5-15 所示。从他的设计我们可以看出斯塔克总能洞悉人们的梦想,以新奇而特色鲜明的创作深深打动人心,丰富人们的生活。在简单的设计下,可以轻易地发现斯塔克设计的乐趣,而这设计的源泉可以是天马行空的想象,也可以是对事物有趣的模仿,斯塔克的设计为人们的想象打开了一扇窗。

创造能力一般表现为发散思维,而聚合思维也起着重要的作用。总之,创造能力是在丰富的知识经验的基础上逐渐形成的,它不仅包含敏锐的观察力、精确的记忆力、创造性思维和创造性设想,而且与一个人的个性心理品质、情感、意志等特征有密切关系。创造能力是在人的心理活动的最高水平上实现的综合能力。

这种能力一般表现出如下几个特点:

(1) 具有探索和发现问题的敏锐性和预见性;

(2) 具有用一个概念取代若干个概念的统摄思维能力;

(3) 能够总结和转移经验,用以解决其他类似问题;

(4) 善于运用侧向思维方法和求异思维方法;

(5) 具有想象、联想和形象思维的能力,不断产生新的较深刻的思想和观点;

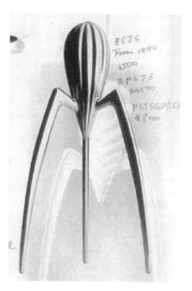

图 5-15　菲利浦·斯塔克设计的
外星人榨汁机

(6) 善于把主观意识同客观实际相结合,有所发现、发明和创造。

创造能力也称为创造力,对于创造力的定义,学者们一般有三种角度的定义。

第一,从创造力的结果入手。例如,古希腊哲学家亚里士多德将创造定义为"产生前所未有的事物"。目前国内心理学界对创造力比较认同的一种定义也是从这一角度入手的,即根据一定目的和任务,运用一切已知信息,开展能动思维活动,从而产生某种新颖、独特、有社会价值或个人价值的产品的智力品质。这里的产品不等同于工业设计中的产品,它包括更加广泛的含义,是"以某种形式存在的思维成果,可以是一个新概念、新思想、新理论,也可以是一项新技术、新工艺、新产品"。这一定义接近于广义上设计的意义,即创造前所未有的、新颖而有益的东西。因此,从这个意义上说,设计即创造,设计能力也就是创造能力。艺术设计的创造力相较广义设计的创造力有其特殊属性,即虽然艺术设计师有可能从用户的需要出发,在产品的功能或结构等方面进行一定的创造,但主要还是针对设计对象的外观品质或视觉来传达品质的创新。

第二,另外一些学者认为,要理解创造力的概念必须从创造过程入手。如美国学者阿恩海姆提出:"创造力是个体认识、行动和意志的充分展开。"他认为"创造力应该以超越感觉本身的一刹那的'顿悟'来定义"。在这个层面上,创造力被看做是创造性思维活动的全过程。

第三种对创造力的定义强调创造主体的素质。持这一理论的学者认为创造力是普遍存在的能力,但创造的产生受多种因素的影响和制约。因此以创造力的结果——新产品来定义创造力,这并不是意味着那些没有进行创新活动,没有产生新产品的主体就没有创造力。创造力表现在多种方面,正如马斯洛所说,"煮一碗第一流的汤比画一幅次级的图画更有创造力",由此可见,有创造力和无创造力可通过一般和卓越来划分。R.理查德于 1993 年提出,如果个体具备了有助于创造的个人特征,并且这些特征与创造动机、创造能力交互作用,参与创造中认知、情感和行为活动的整合过程,那么这个个体就会表现出与众不同的卓越创造力。

创造力是一种心理现象,是人脑对客观现实的特定反映方式。设计心理学中关于创造力的研究的主要目的是帮助设计师充分挖掘和发挥其创造力,提高设计师的设计创意水平。设计师能力的核心——设计师创造力的培养和激发包括两个方面的内容:一是设计师的设计思维能力的培养,主要侧重于培养设计师思维过程的流畅性、灵活性与独创性;二是通过某些组织方法激发创意的产生。

创造力与许多个人素质和能力密不可分,如好奇心、勇敢、自主性、诚实等。因而,对设计师的培养首先是要鼓励他们大胆地表达自己别出心裁的想法和批评性的意见。其次,培养设计师的创造性人格。例如培养设计师的想象力、好奇心、冒险精神等。最后,培养设计师立体的思维方式。立体的思维方式又称为横向复合性思维,它是强调思维的主体必须从各个方面、各个属性,来全方面、综合、整体地考虑设计问题,围绕设计目标向周围散射展开。

真正的创造活动总是给社会产生有价值的成果，人类的文明史实质上是创造力实现的结果。对于创造力的研究日趋受到重视，由于侧重点不同，这些研究出现两种倾向。一是不把创造力看做一种能力，认为它是一种或多种心理过程；二是认为它不是一种过程，而是一种产物。综合以上两种倾向，创造力既是一种能力，又是一种复杂的心理过程和新颖的产物。

有人认为，因为创造，人的潜能得到充分的实现。创造力较高的人通常有较高的智力，但智力高的人不一定具有卓越的创造力。根据西方学者研究表明，智商超过一定水平时，智力和创造力之间的区别并不明显。创造力高的人对于客观事物中存在的明显失常、矛盾和不平衡现象易产生强烈的兴趣，对事物的感受性特别强，能抓住易为常人忽视的问题，推敲入微。他们意志坚强，比较自信，自我意识强烈，能认识和评价自己与别人的行为和特点。

创造力与一般能力的区别在于它的新颖性和独创性。它的主要成分是发散思维，即无定向、无约束地由已知探索未知的思维方式。按照美国心理学家吉尔福德的看法，当发散思维表现为外部行为时，就代表了个人的创造力。

二、创造力的结构

对创造力结构的研究主要包括两个方面：静态结构和动态结构。静态结构主要是指创造力的组成成分；动态结构则主要是关于创造性思维的过程。

创造力的静态结构理论最具代表性的是美国心理学家吉尔福德的理论。他认为创造才能与高智商是不同的两个概念，他通过因素分析法总结出了以下创造力的六个要素：

(1) 敏感性，即对问题的感受力，发现新问题、接受新事物的能力；

(2) 流畅性，即思维敏捷程度；

(3) 灵活性，即较强的应变能力和适应性；

(4) 独创性，即产生新思想的能力；

(5) 重组能力或称为再定义性，即善于发现问题的多种解决方法；

(6) 洞察性，即透过现象看本质的能力。

其中流畅性、灵活性和独创性是最重要的特性。

此类研究基本概括了创造性活动对于主体的智力品质的要求，有力地推动了当时对创造力的研究。但也存在着不足，它仅仅看到了创造力的认知方面的特征，忽视了创造力的整体性及影响因素，特别是个性心理特征的作用。目前，人们越来越重视影响个体创造力的自身人格因素，如 EQ(情商)、动机等。

三、设计师人格与创造力

每个从事艺术设计职业的人都梦想成为设计大师——即最富有创造力的设计师。那么，除了多年的专业训练和技能培养之外，究竟是什么造就了设计大师？总结心理学研究成果，影响设计师的个体因素基本包括以下几点。

(1) 年龄 美国科学家莱曼通过对 244 名化学家的 993 件重要贡献出现的年龄进行的统计，发现科学家创造力最鼎盛的年龄是 30～39 岁，之后他又依次研究了物理学家、数学家、天文学家、发明家、诗人和作家，发现虽然不同学科的最佳创造年龄稍有差异，但总体平均年龄是 35.4 岁。在与设计密切相关的两个方面——艺术和技术发明，据莱曼统计，知名油画家产生最优秀作品的年龄在 32～36 岁。而另一位美国学者罗斯曼统计的 711 名发明家中，76.6% 在 35 岁前获得第一个专利，最活跃的年龄是 25～29 岁，而获得一生中最重要的发明的平均年龄是 38.9 岁。

(2) 动机 动机是驱使人们进行创造性活动的能力。它影响了人们从事创作的积极性和执行力。

(3) 情绪 不同情绪对于创造力发挥的作用不同。激情能激发创作热情，提高创作效率；平静而放松的情绪则有助于灵感的产生。并且,心理学家的调查发现,多数天才型人物都具有忧郁气质,忧郁情绪的发泄是艺术创作的一大动力。

(4)兴趣　兴趣是一种认识趋向,它可以激发人们进行创造的内在动机,增强克服困难的信心和决心。

(5)意志　意志是指人自觉确定目标,并为了实现目标而支配自身行为、克服困难的心理过程。意志包括自制力、自觉性、果断性、坚持性等品质。

(6)人格　人格也可以称为个性,即比较稳定的对个体特征性行为模式有影响的心理品质。近年来心理学家的研究越来越重视影响个体创造力水平的自身人格因素,认为它是创造力最重要的组成部分。

设计师人格特征心理学中对于人格的比较学术的定义是,人格是一系列复杂的,具有跨时间、跨情境特点的,对个体特征性行为模式(内隐的和外显的)有影响的,独特的心理品质。这个定义比较复杂,另外有较易于理解的定义。如人格心理学创始人奥尔伯特认为,"人格是个体内在心理物理系统中的动力组织,它决定人对环境适应的独特性","是个体在遗传素质的基础上,通过与后天环境的相互作用而形成的相对稳定的和独特的心理行为模式"。

人格的定义多样化,但是有三个方面是一致的。首先,它反映了个体的差异性,这一点导致不同个体即便面临完全一致的情境也不一定会做出完全一致的行为。其次,对于同一个体而言,人格具有相对的一致性和持久性,即人格一旦形成,就会在各种情境下呈现类似的行为模式。例如一个人的人格特征之一是急躁,那么他在处理各种事情时都会表现得比较急躁。最后,人格虽然比较稳定,但也不是一成不变的,它同时受到先天遗传和后天环境的共同作用而形成。在某些特殊情况下,人格特征也可能发生重大转变,例如遭受巨大打击或生活环境发生重大变化等。

许多心理学家分别从不同领域展开创造力人格的研究,研究表明,非凡的创造者通常都具有独特的人格特征,但是不同类型、不同领域的创造者的人格特征也具有其独特性。其中几种典型的人格特征研究如表 5-1 所示。

表 5-1　不同领域创造者的典型人格特征

职业类型	研　　究	人格特征概括
发明家	罗斯曼在 1935 年对 711 位具有多项专利品的发明者进行的调查	具有创新性,能自由接受新经验,有实践革新之态度。具独创性,善于分析。发明家对于自己成功的因素,多归因于毅力,其后依次为想象力、知识与记忆、经营能力及创新力
建筑家	唐纳德·麦金隆于 1965 年对建筑家所做的研究	有发明才能,具独创性、高智力、开放的经验,有责任感,敏感、具洞察力、思维流畅、独立思考,碰到困难的建筑问题时能以创造性的方法来解决问题
艺术家	克洛斯等于 1967 年所做的研究;艾默斯于 1978 年所做的研究;高斯于 1979 年所做的研究,等等	内向、精力旺盛、不屈不挠的精神、焦虑、具有邪恶感,情绪不稳、多愁善感、内心紧张
	弗兰克·贝伦于 1972 年对艺术学院学生的研究	灵活、富有创造力、自发性、对个人风格的敏锐观察力、热情、富有开拓精神、易怒
科学家	卡特尔于 1955 年对物理学家、生物学家和心理学家的研究	更加内向、聪明、刚强、自律、勇于创新、情绪稳定
	高夫于 1958 年对 45 位科学研究者的研究	较为聪慧、成熟、有冒险性、敏感、奔放、自负等
作家	卡特尔于 1958 年以卡特尔 16 种人格因素测验对作家进行的研究;弗洛伊德于 1908 年以精神分析法对富创造力的作家进行的研究	创造力与白日梦之间有很强的相关性

美国学者罗(Roe)通过于 1946 年和 1953 年所做的关于几个领域的艺术家和科学家的研究,发现他们只有一个共同的特质,那就是努力及长期工作的意愿。同样,罗斯曼(Rossman)对发明家人格的研究也发现他们具有毅力这一个性特征。特别值得一提的还有心理学家唐纳德·麦金隆(Donald Mackinnon)在 1965 年对建筑师人格特征进行的研究,他认为建筑师具有艺术家和工程师的双重特征,同时还具有一点企业家的特征,最适合研究创造力。因此,他选择了三组被试,每组 40 人,第一组是极富创造力的建筑师,第二组是与上述 40 名建筑大师有两年以上联系或合作经验的建筑师,第三组是随机抽取的普通建筑设计师。通过专业评估,第二组设计师的作品具有一定的创造性,而第三组的创造性比较低。三组建筑师的人格特征具体如表 5-2 所示。

表 5-2　三组建筑师的人格特征比较

人 格 特 征	大师组	合作组	随机组
谦卑	低	中	高
人际关系	低	中	高
顺从	低	中	高
进取心	高	中	低
独立自主	高	中	低
结论	更加灵活、富有女性气质;更加敏锐;更富直觉,对复杂事物评价更高	注重效率和有成效的工作	强调职业规范和标准

建筑师作为艺术设计师中的典型,反映了设计师创造性人格的基本特性。

从其研究看来,当设计师从更高层次来要求自己的创作,那么,他们的人格特征往往更接近艺术家,表现出艺术家的典型创造性人格,我们可以将其称为"艺术的设计师",在他们看来艺术设计是一门艺术,与其他纯艺术的创造没有根本的差别。因此他们受到某种内在的艺术标准的驱使,设计作品较为个性化,显得卓尔不凡,但有时会因不经济实用而不为大众所接受。另一个极端则是那些将艺术设计视为一门职业的设计师,他们比较注重实际条件和工作效率,并不期望个性的表达或者做出经典之作,设计对他们而言更多是一种技能,这类设计师明显创造力不足,可以称其为"工匠的设计师"。中间部分则是那些具有一定创造能力的设计师,他们的个性特征介于两者之间。

此外,设计师还需要具有一定的发明家的创作人格特征,例如沟通和交流能力,经营能力等。这些虽然对于艺术设计创意能力并没有直接影响,但是却能帮助设计师弄清目标人群的需求、甲方意志、市场需要等,间接帮助艺术设计师做出既具有艺术作品的优美品质,又能满足消费者、大众多层次需要的设计。

四、设计师天赋论

创造力是设计师能力的核心,设计艺术的类似艺术创作的属性要求设计师具有较高的艺术感受力。这些使许多人产生了这样的看法:认为设计能力主要是一种天赋,只有某些人才可能具备。这种设计师天赋论究竟是否合理呢?

从理论上而言,天赋是个体与生俱来的生理特点,尤其是神经系统的特点。这些特点来自先天遗传,也可以是从胚胎期就开始的早期发展条件所产生的结果。英国心理学家高尔顿 19 世纪时就通过族谱分析调查的方法,在《遗传的天才》一书中提出天赋在人的创造力发展中起着决定性的作用。可是天赋虽然重要,却不应过分夸大它的作用。美国学者推孟(Terman)等人从 20 世纪 20 年代起,通过长达半个世纪的追踪观察,发现良好的天赋并不能确保成年后能具有高水平的创造力,他们认为最终表现出较高创造力的人往往是那些有毅力、有恒心的人。美国社会心理学家艾曼贝尔提出了创造力的三个成分:有关领域的技能、有关创造性的技能及工作动机。

有关领域的技能,包括知识、经验、技能,以及该领域中的特殊天赋,它依赖于先天的认知能力、先天的思维能力、运动技能及教育。这个部分是在特定领域中展开行动的基础,决定了一个人在解决特定问题、从事特定任务时的认知途径。

有关创造性的技能是指个体运用创造性的能力,它包括认知风格,有助于激发创意、概念的思维方式——启发式知识,以及工作方式。这个部分的能力依赖于思维训练、创造性方法的学习和以往进行创造活动思维的经验,以及人格特征。

工作动机主要包括工作态度,对从事工作的理解和满意度。这是一个变量,取决于对特定工作内部动机的初始水平、环境压力的存在或缺乏,以及个人面对压力的应对能力。

我们将以上理论运用于设计艺术实践中,可以将那些有益于从事艺术设计的能力分为以下三类。

第一类,与艺术才能相关的感知能力,它表现为精细的观察力,对色彩、亮度、线条、形体的敏感度,高效的形象记忆能力,对复杂事务和不对称意象的偏爱,对于形象的联想和想象力等,这些通常是天赋的能力。

第二类,主要是以创造性思维为核心的设计思维能力,它与先天的形象思维和记忆能力有关,但是可以通过系统的思维方法的训练来积累设计经验,以及运用适当的概念激发和组织方法使这一方面的能力得到显著提高。

第三类是设计师的工作动机,美国心理学家布鲁姆的研究发现,能在不同领域中获得成就的人通常具有三方面的共同特征:①心甘情愿花费大量时间和努力;②很强的好胜心;③在相应领域中能够迅速学习和掌握新技术、新观念和新程序。前两条都说明了动机要素对于创造力的重要作用。因此,如果设计师单纯是在工作责任、职业压力的驱使下进行设计,那么只能达到一般设计师创造能力的级别;而那些设计大师的设计动机更多的是一种发自内心的、通过设计活动获得满足的愿望。此外,如前面所论述的那样,某些遗传而来的人格特征对于从事设计工作是有益的,这一点毋庸置疑。遗传学的研究表明,几乎所有的人格特征都受遗传因素的影响。

总体而言,成为艺术设计大师对于个体的天赋要求较高,需要有相当的艺术感知能力,以及形象思维与逻辑思维得到完美配合的艺术设计思维能力,并且还具有某些创造性人格特征。天赋固然是一个优秀设计师成长的必要基础,但是后天形成的性格特征及工作动机却决定了天赋是否真正得以发挥或转化成现实创造。艺术设计师在既定的天赋基础上,如何能增进个人从事艺术设计活动的能力,取决于两个方面的因素:一是通过学习和训练,进行设计思维能力的培养,提高创意能力;二是个人性格的培养和塑造,通过性格的磨砺以提高动机方面的因素。

五、创造能力的培养

创造能力的培养是艺术设计的核心,设计艺术是一门实践性和创造性极强的艺术门类。从物的创造角度而言,一个时代有一个时代的设计,新时代的设计总是在旧设计基础之上注入新的时代内涵和文化特征而推出的崭新的设计。就精神层面而言,设计思维本身就是一种创造性的思维,任何一个优秀的设计都是设计师独具匠心,应用新的材料、新工艺对某种新见解的独到表达。另外,设计艺术作为一门交叉和综合的学科,它涉及自然科学、人文科学和社会科学等众多的领域,设计艺术的综合性特点也体现了创造的本质特点,特别是在计算机技术日益发展完善的今天,设计的表现和设计效果图的绘制,已不是设计的关键,也不是设计师水平的标志,创意,即创造性才是第一重要的东西。从这个角度而言,创新就是整个设计艺术的生命和灵魂。艺术教育作为培养人全面发展的重要途径之一,其宗旨就是通过艺术理论和实践的教学,培养受教育者正确的审美观念及感受美、鉴赏美、创造美的能力。所以我们认为创造性是艺术设计教育的本质属性,培养学生的创造能力和创新思维是设计教育的基本要求。

1.激发求知欲和好奇心,培养敏锐的观察力和丰富的想象力,特别是创造性想象,以及培养善于进行变革和发现新问题或新关系的能力

创造能力是设计的动力,但创造不是空想,它需要一个基础,一个平台,一种智慧。这个平台,一是自然生活的启迪,一是历史经验的积累。没有这些源泉汇集,是不能推动设计前进浪潮的。设计既要紧跟时代潮流,又要继承优秀的传统文化遗产,所以,设计创新需要设计史论支持。

在设计界,成为一名优秀设计师,或许是每一位设计从业人员共同的理想,但只有少数人成功了,大多数都默默无名或昙花一现。究其缘由,不外乎与他们忽视史论学习,缺乏创新思维有关。广大消费者对产品设计至臻至善的无止境追求,决定了设计人员必须具备全面的素养,紧跟时代步伐,才不会被时代淘汰,才能令顾客满意。但遗憾的是,当前我国正处于社会主义市场经济体制转型期,由于设计市场不够成熟,条例规章还不健全,在设计业丰厚利润的驱动下,许多非专业、缺乏设计才能和创新意识的人员一拥而上,导致设计界从业人员鱼目混珠,良莠不齐,缺乏创意,漠视设计。有的思维麻木,视野狭窄;有的过于追求技巧,零碎摘抄模仿他人,殊不知,模仿越多,创新能力就越弱;有一些看似标新立异的设计,忽视民族底蕴、文化内涵,不过是多重风格的随意堆砌,甚至只是理论上的异想天开罢了。所以,设计创新不是空中楼阁、空穴来风,它是建立在深厚渊博的理论素养基础之上的,设计史论便是设计创新的基础。

强烈的求知欲和好奇心,使得设计师能不断主动地补充艺术设计方面的知识和养料,为创作积累大量的素材,为创造行为这一质变积累充分的条件。艺术设计学科某些专业,如影视、服装等,创作的素材来源于生活。要想使创作"源于生活而高于生活",就要培养敏锐的观察力和丰富的想象力,对于周围发生的平常事,换一个角度看,就会有新的感悟。当然丰富的想象力不能仅仅来源于空想,丰富的知识储备才能让思想更自在地翱翔。

2. 重视思维的流畅性、变通性和独创性

逻辑的力量是强大的,我们遇到的许多问题依靠理性的逻辑思维,便可迎刃而解。逻辑思维是我们经常运用的思维方法,很多人因此想当然地以为逻辑思维是唯一的思维方法。但英国科学家爱德华·德·波诺认为,逻辑思维并不能帮助我们解决所有的问题,逻辑思维是一种垂直思维,可以帮助我们根据已经掌握的知识、经验、信息进行纵向推理,从而得出结论;而当我们需要新的创意才能解决面临的问题时,逻辑思维就会显得无能为力。因此,德·波诺发明了另外一种思维方法——水平思维,来帮助我们创造性地解决问题。

德·波诺这样解释水平思维与垂直思维(即逻辑思维)的区别:垂直思维是分析性的,水平思维是启发性的;垂直思维按部就班,水平思维可以跳跃;做垂直思维时,每一步必须准确无误,否则无法得出正确的结论,而水平思维旨在寻找创造性的新想法,不必要求思维过程的每一步都正确无误;在垂直思维中,使用否定来堵死某些途径,而水平思维中没有否定。他比喻说,垂直思维是在深挖一个洞,水平思维是尝试在别处挖洞,把一个洞挖得再深,你也不可能得到两个洞,因此,垂直思维是为了把一个洞挖得更深的工具,而水平思维则是用来在别的地方另外挖一个洞的工具。

我们提倡设计师要锻炼自己的水平思维能力,通过变通和创新将毫无联系的事情分解,并通过艺术的手段让其调和在一定的秩序里,思维可以由此达彼,流畅地行进。

3. 培养求异和求同的创造性思维

毕加索说过,"创造性的活动首先是一种破坏性的活动",这就是所谓的破旧立新。跨界学习就是把不相关的学科联系起来,这是目前全世界如何破旧立新的最重要的概念。做室内设计不能只将眼光局限于室内设计,可能舞台设计、家居设计也会为室内设计提供灵感。思维的连续性,往往使我们在看到事物的时候习惯性地将它们分门别类,对于设计来说,这种行为的好处在于,我们可以通过对比寻找较好的选择;但这也局限了选择的范围,只有跳出这个框框才可能海阔天空。

例如,在建筑设计中,夯土是全世界通用的原始建筑材料,在中国陕西、甘肃等地能看到它的身影,如附图35所示。在非洲,它至今仍是常见材料。但在建筑材料科技高度发达的今天,这种原始的建筑材料被钢筋、混凝土、玻璃所取代。世界的天际线被摩天大楼强硬地刺破,建筑开始挣脱地球的离心力,越来越远离土地,人与建筑、环境的关系开始变得紧张。在提倡绿色设计、低碳生活的今天,建筑的可持续发展也成为设计界关注的焦点。当今,越来越多的设计师、建筑师、规划师通过求异思维,开发了许多可持续发展的材料,其中就包括夯土材质。素土夯实的土块建筑的房屋不仅仅是经济拮据时代的产物,而是为全人类谋福祉的成果,如附图36

所示。

但是建筑毕竟是建筑,其本身有着很强的功能性的要求,空间的划分、动线的布置、色彩的选择、内部的装饰,这些都与玻璃幕墙建筑有着相同的要求,这就要求设计还需要运用求同思维。设计师在设计中谋求创造,这两种思维形式是相辅相成、互为渗透的。

再以手机设计为例,在乔布斯等一代科技先锋的创造下,现在的 iPhone,不仅是手机,也是微电脑,也是导航器,也是电子阅读器,也是音乐播放器……因此,引领一种设计的改变,引领世界创新的,就是这种跨学科思维打破原有学科界限的创新。

正如前面创造力的结构部分中所提到的,创造力与许多个人素质和能力密不可分。例如好奇心、勇敢、自主性等,因而,对设计师的培养非常重要的一点就是要鼓励他们大胆地表达出自己别出心裁的想法和批判性的意见。20 世纪以来,现代主义使大批量、标准化的生产模式渗入人们生活、文化的方方面面,使整个社会形成了一种协调统一的氛围。典型的言论就是亨利·福特在降低汽车的价格,采用标准化制造体系时声称:"消费者可以选择任何他们想要的颜色,只要它是黑色的。"他所指的是,通过减少色彩的差异,私人轿车的价格可以降到 95 美元,而代价是消费者必须说服自己,黑色是最合他们心意的颜色。美国学者拉塞尔·林斯对建筑中类似的现象提出批评:"现今的建筑,无论造价如何昂贵,都像是盒子,或一系列连在一起的盒子。"标准化带来了较高的生产效率,更大限度地满足消费者的需要,但同时长期受这样的氛围影响,学习设计专业的学生很可能已经缺乏创造性思维所需要的一些个人素质,虽然"限制"是设计的基点和出发点,但当设计师将自己的思维禁锢于各种限制时,则只能不断制造标准模式的派生物。设计应从问题出发,而非从固有模式(风格)出发。

因而,创造性培养的首要任务就是创造自由宽松的设计环境,解放设计师的思维,让他们大胆想象,让思维自由漫步。如设计任务书中应尽可能避免直接定义设计任务,而应该采用一种比较宽松的定义,这样有益于减少设计师的约束。例如,"设计一种盛水的工具",而不是说"设计一个水杯";"设计一种可移动的、随身携带的个人通讯工具",而不是说"设计一款手机"等。

其次,提高设计者的创造性人格。如培养设计师的想象力、好奇心、冒险精神、对自己的信心、集中注意力的能力等。

再次,培养设计者立体性的思维方式。立体性的思维方式又称为横向复合性思维,它是强调思维的主体必须从各个方面、各个属性,全方面、综合、整体地考虑设计问题,围绕设计目标向周围散射展开。这样设计者的思维就不会被阻隔在某个角度,造成灵感枯竭。

最后,培养设计者收集素材,以及使用资料和素材的能力,增强他们进行设计知识库的扩充和更新能力。

4.创造力组织方式的培养

一些有效的组织方式已经被设计出来,它们能提高设计师的注意力、灵感和创造力的发挥。比较著名的方式有头脑风暴法、检查单法、类比模拟发明法、综合移植法、希望点列举法等。

(1) 头脑风暴法 头脑风暴法也称头脑激荡法,它是由纽约广告公司的创始人之一 A.奥斯本最早提出的,即一组人员运用开会的方式将所有与会人员对某一问题的意见聚积起来以解决问题。实施这种方法时,禁止批评任何人所表达的思想。它的优点是在小组讨论中以竞争的状态促使成员的创造力更容易得到激发。

(2) 检查单法 检查单法也称提示法或检查提问法,即把现有事物的要素进行分离,然后按照新的要求和目的加以重新组合或置换某些元素,对事物换一个角度来看。在工业设计中,主要变换的角度包括:

① 现有产品的用途是否能扩大;

② 现有产品是否能改变形状、颜色、材料、肌理、味道、制造工艺、内部结构、部件位置等;

③ 现有产品的包装是否能得到改进;

④ 现有产品是否能放大(缩小)体积、增加(减轻)重量;

⑤ 现有产品是否能拆分、模块化、易于拆分、组装或是否能组合起来,形成系列产品;

⑥ 是否能用其他产品来代替现有产品;

⑦ 颠倒过来会怎样,冷气机颠倒过来就出现了暖风机,而再变换角度,还可以得到换气扇。

(3)类比模拟发明法 类比模拟发明法即运用某一事物作为类比对照而得到有益的启发。这种方法对于以现有知识无法解决的难题特别有效,正如哲学家康德所说:"每当理智缺乏可靠论证的思路时,类比这个方法往往能指引我们前进。"这一方法在艺术设计中早已广泛运用,常见的几种包括:

① 拟人类比,模仿人的生理特征、智能和动作;

② 仿生类比,模仿其他生物的各种特征和动作,例如设计中常用的生态学设计就是从动物身上寻找设计的灵感;

③ 原理类比,按照事物发生的原理推及其他事物,从而得到提示,比如世界上的事物往往是对称出现的,如果出现单个的现象,可以考虑是否还有与其相对的事物,又如 Windows 的桌面、图标设计就类比了一般办公桌的工作原理,电子邮件的发信模式也类比了不同信件的工作模式;

④ 象征类比,使用能引起联想的样式或符号,如汽车使人联想到交通、钱币使人联想到银行等。

(4)综合移植法 综合移植法就是应用或移植其他领域里发现的新原理或新技术的组织方式。例如,流线型最初来源于空气动力学的实验研究,而由于它的流畅、柔和的曲线美,在 20 世纪三四十年代成了风靡世界的一种流行设计风格,被广泛地运用在汽车、冰箱,甚至订书机的设计上。

(5)希望点列举法 这种组织方式将各种各样的梦想、希望、联想等一一列举,在轻松自由的环境下,无拘无束地开展讨论。例如,在关于衣服的讨论中,参与者可能提出"我希望我的衣服能随着温度变薄、变厚","我希望我的衣服能变色","我希望衣服不需要清洁也能保持干净"等。

在设计过程中急骤性联想能力的锻炼对获得设计能力是十分重要的。急骤性联想是指在集思广益方式下,在一定时间内采用极迅速的联想作用,引起新颖而有创造性的观点。培养急骤性联想能力不仅指个人需要有灵感爆发、灵感一现的时候,也要求设计团队在合作时,在各方的启发下,能通过联想获得新颖的创造观点。这里就不得不提到为设计公司实现急骤性联想能力而常常采用的头脑风暴法了,许多设计公司甚至以此训练新设计师的创造能力。

头脑风暴法又称智力激励法、BS 法、自由思考法,是由美国创造学家 A. 奥斯本于 1939 年首次提出,1953年正式发表的一种激发性思维的方法。此法深受众多企业和组织的青睐。其精髓在于无限制地自由联想和讨论,其目的在于产生新观念或激发创新设想。头脑风暴法模型如图 5-16 所示。

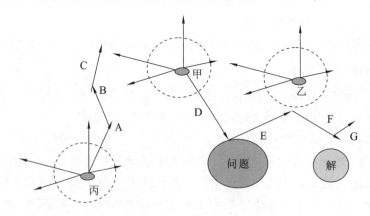

图 5-16 头脑风暴法模型

在群体决策中,由于群体成员心理相互作用影响,易屈于权威或大多数人意见,形成群体思维。群体思维削弱了群体的批判精神和创造力,损害了决策的质量。为了保证群体决策的创造性,提高决策质量,在管理上发展了一系列改善群体决策的方法,头脑风暴法是较为典型的一个。

头脑风暴法又可分为直接头脑风暴法(通常简称为头脑风暴法)和质疑头脑风暴法(也称反头脑风暴法)。前者是专家群体决策,尽可能激发创造性,产生尽可能多的设想的方法;后者则是对前者提出的设想、方案逐一质疑,分析其现实可行性的方法。

采用头脑风暴法组织群体决策时,要集中设计师召开专题设计会议,主持者以明确的方式向所有参与者阐明问题,说明会议的规则,尽力创造出融洽轻松的会议气氛。主持者一般不发表意见,以免影响会议的自由气氛,由设计师们"自由"提出尽可能多的方案。

头脑风暴法何以能激发创新思维?根据 A.奥斯本及其他研究者的看法,主要有以下几点原因。

(1)联想反应　联想是产生新观念的基本过程。在集体讨论问题的过程中,每提出一个新的观念,都能引发他人的联想,相继产生一连串的新观念,引起连锁反应,形成新观念堆,为创造性地解决问题提供了更多的可能性。

(2)热情感染　在不受任何限制的情况下,集体讨论能激发人的热情。人人自由发言、相互影响、相互感染,能形成热潮,突破固有观念的束缚,最大限度地发挥创造性的思维能力。

(3)竞争意识　在有竞争的情况下,人人争先恐后,竞相发言,不断地开动思维机器,力求有独到见解,新奇观念。心理学的原理告诉我们,人类有争强好胜心理,在有竞争意识的情况下,人的心理活动效率可增加50%甚至更多。

(4)个人欲望　在集体讨论解决问题的过程中,个人的欲望自由,不受任何干扰和控制,是非常重要的。头脑风暴法有一条原则,不得批评他人的发言,甚至不允许有任何怀疑的表情、动作、神色,如此保证每个人畅所欲言,提出大量的新观念。

头脑风暴法包括设想开发型和设想论证型。设想开发型是为获取大量的设想,为课题寻找多种解题思路而召开的会议,因此要求参与者要善于想象,语言表达能力要强;设想论证型是为将众多的设想归纳转换成实用型方案召开的会议,要求与会者善于归纳、善于分析判断。

头脑风暴法的所有参加者,都应具备较高的联想思维能力。在进行"头脑风暴"时,应尽可能提供一个有助于把注意力高度集中于所讨论问题的环境。有时某个人提出的设想,可能正是其他准备发言的人已经思维过的设想。其中一些最有价值的设想,往往是在已提出设想的基础之上,经过"思维共振"的"头脑风暴"而迅速发展起来的设想,以及对两个或多个设想的综合设想。因此,头脑风暴法产生的结果,应当认为是专家成员集体创造的成果,是专家组这个宏观智能结构互相感染的总体效应。

5.培养设计师适于促进设计创造能力的性格特征

性格是一个人对现实的稳定态度及与之相适应的习惯化的行为方式,人们的主导性格表现了他对于现实世界的基本态度,很大程度也决定了人们的行为。某些性格特征对于设计师的天赋具有促进和保障的功能。具体有如下几点。

(1)勤奋　设计活动本身就是一项非常艰苦的、探索性的、长期性的工作,与纯艺术重于自我表现的特质相比,设计师需要不断探索、检验、修正、完善设计创意,一个新奇特别的设计创意能否最终成为一项适宜的设计成品,需要长时间的辛勤工作,此外,勤奋使设计师的观察范围、经验积累、思维能力、想象能力、实现能力等都得到极大提高。

(2)客观性　这一性格特征也是设计师区别于纯艺术创作者的重要方面。有学者这么说道:"创造性的艺术家是一些不关心道德形象的放浪形骸者;而创造性的科学家则是象牙塔中冷静果断的居民。"如果说这一归纳有一定的准确性,那么艺术设计师恰好介于两者之间。艺术设计师既不能像艺术家那样肆意宣泄个人情感,表达主观感受;也不能像科学家那样一丝不苟,在相对狭窄、专一的领域中不断探索下去。也许只有创造才是艺术设计的唯一标准,人本主义心理学家马斯洛将那些在各行各业中有独创性贡献的人称为"自我实现的人",他指出,"自我实现者可以比大多数人更为轻而易举地辨别新颖的、具体的和独特的东西"。其结果是,他们更多地生活在自然的真实世界中,而非生活在一堆人造的概念、抽象物、期望、信仰和陈规当中。自我实现者更倾向于领悟实际的存在而不是他们自己或他们所属文化群的愿望、希望、恐惧、焦虑,以及理论或者信仰。赫伯特·米德非常透彻地将此称为"明净的眼睛"。这里"明净的眼睛"就是指客观性,用一种不偏不倚的眼光去审视周围的人和事物,这就是创造的真谛。总之,一方面,客观性既是设计师理性思维的集中显现,使设计师能够对自身及自己的设计进行客观评价、自我批评,完善设计创意,使创意与外在条件,如生产工艺、市场需求、人们的实际需求和审美取向等要素结合起来,纠正设计创意中不足的地方;另一方面,客观性还能够帮助设计师跳出一般思维、习惯、常理的束缚,开拓思维,这也是设计师更好地进行创造的重要条件。

(3)意志力　意志力是人自觉确定目标,并为了实现目标而调节自身行为、克服困难、实现目标的能力。意志力可以体现为自觉性、果断性、坚持性和自制力等性格特征。意志力能帮助主体自觉地支配行为,在适当的时机当机立断、采取决定,并顽强地克服困难,完成预定目标。意志力包含两个方面,一方面是对行为的促进能力,另一方面则是对不利于目标实现行为的克制能力。

(4)兴趣　兴趣是影响天赋发挥的重要因素,它是指人对事物的特殊认识倾向,这种倾向使认识主体对于认识具有向往、满意、愉悦、兴奋等感受,促使人们关注与目标相关的信息知识,积极认识事物,执行某些行为。兴趣对于任何职业的从业者的工作绩效都具有重要作用。设计师往往对于创造、艺术、问题求解等方面具有浓厚的兴趣,一些没有受过正规艺术设计教育的人受强烈而持久的兴趣的驱使,有时也能创造出很好的设计作品。古代的文人雅士为自己设计园林、布置居舍、设计家具设备,都是出于对艺术化生活的热情和渴望;今天互联网上到处流传的 flash 动画、电脑图片,许多就是这样一些业余设计师所创造出来的。因此,虽说"人人都是艺术家"似乎略微有些夸张,但是,"人人能做设计师"却是合情合理的。

第三节　创造力测验

创造力测验主要测量各种创新思维能力。20 世纪 50 年代,吉尔福德等心理学家发现,智力测验不能测量人的创造力。目前所编制的创造力测验的题目多属于开放型,导致其在评分和确定效度和信度方面的困难。创造力测验目前还主要用于科学研究。创造力测验是心理测验适应时代需要的一个新动向。当前的几个创造力测验的信度一般比智力测验低,但创造力测验在一定程度上还是能够预测一个人的创造成就的大小的。创造力测验典型方法有南加利福尼亚大学测验、托兰斯创造性思维测验、芝加哥大学创造力测验等。

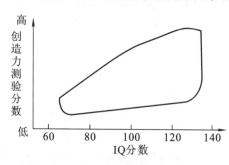

图 5-17　智力与创造力的关系

创造力是以多种心理特质为基础的。它的智力因素有观察能力、记忆能力、思维能力(吉尔福德研究表明,创造力的思维能力为发散思维,具有流畅性、变通性、独特性的特点,这在下文中将会有介绍)、想象能力;非智力因素包括个人的兴趣、情绪、意志、性格及道德情操等。创造力不等同于智力(IQ),它与智力的关系如图5-17所示。

图 5-17 中的三角形表示智力与创造力之间的正相关趋势,智力低者,创造力必然低,而智力高者,并不意味着创造力很高,因此智力是创造力发展的必要条件而非充分条件。

20 世纪末,美国意识到他们面临着最严重的创造力衰退的趋势,于是心理学家行动起来,他们倡导以教育的手段,防止学生的创造力被扼杀。被标准化课程要求搞得焦头烂额的美国老师向有关部门申诉,学生在学校里没有时间去上创造性课程,如果一周能上一到两次艺术课,那就很幸运了。但科学家认为,这种说法是个不合逻辑的推论。

佐治亚大学的马克·朗科就把这称作"艺术偏见"。人们一直以为,艺术对于开发创造力有特别的帮助,但这个说法其实是没有事实依据的。例如,当学者们给工程系学生和音乐系学生相同的创造性任务时,他们最终得到的分数处于同一水平。因此,创造力应该被带出艺术教室,放进普通教室中。

传统心理学认为,创造力和右脑有关。但现在科学家们知道,如果你只用右脑来创造,那么你的想法会永远在舌尖打转,而无法真切地构造出来。解决问题时,人首先会在一些明显的事实和熟悉的解决方法上寻找答案,这主要由左脑来完成。如果没找到答案,左脑和右脑就会一起活跃起来。右脑的神经网络扫描遥远的记忆,以图寻找到相关的内容,左脑搜寻未被察觉的模式、其他含义,处理高度抽象的内容,并从右脑处获得信息。

正是这种左右脑的协作,让创新成为可能。

　　在不同思维模式之下的切换需要大脑的严格控制,而这种能力可以后天培养,就像虽然个子高的人打篮球有先天优势,但NBA还是有不少矮个子明星球员一样。创造力高的人往往成长在能包容不同意见的家庭中,家长鼓励孩子的独特性,对孩子的需求反应很快,同时也让孩子发展自己的技能。此外,创造力高的人也常常出身贫寒。艰难的生活本身并不带来创造力,但它强迫孩子们变得更灵活,而灵活有助于创造力。

　　人们对创造力的定义是原创某种有价值的东西的能力。创造力没有既定结果,它需要将思维发散,产生很多独特的主意,然后再集中思考,把这些点子捏合成最佳结果。

　　在2010年IBM对1 500多名CEO的调查中,创造力被认为是未来领导能力的第一要素。2009年,美国《新闻周刊》联合英特尔公司进行了一项全球创新能力调查。在美国、中国、德国和英国向4 800名成年人发放了在线问卷,其中2/3的人相信在未来30年内,创新能力对于美国经济的重要性比之前任何时期都要高。很多国家正把创造力培养当成一项全国要务来执行。2008年,英国中学的课程表——从科学到外语——都着重强调激发创造性思维,一些试点工程也开始使用托兰斯测试来评估进展。欧盟把2009年定为"欧洲创造和创新年",中国也在进行大规模教育制度改革,试图改变以往的填鸭式教学方法。

　　在《新闻周刊》的调查中,81%的中国受访者认为美国的创新能力领先于中国,但只有41%的美国受访者同意这个说法。

　　如今,断言当代儿童创造力下降的原因还为时过早。调查以美国为例,一个可能的原因是现在的孩子花更多的时间看电视或打电子游戏,而不是参与创新性活动;另一个原因则在于美国学校对创造力培养的缺乏。儿童已经如此令人担忧,更何况是成人,需要创造力的艺术设计行业要想可持续地发展下去,就应该注重培养儿童和学生的创造力。

一、南加利福尼亚大学测验

　　南加利福尼亚大学测验又称吉尔福德智力结构测验,是吉尔福德及其同事在对智力结构的研究中发展起来的,它主要测量发散思维。吉尔福德认为发散思维是思维向不同方向分散的能力,它不受给定事实的局限,使得个体在解决问题时能产生各种不同的解决问题的方法及思路。图5-18表示了智力结构模型中发散思维块的位置,它属于操作维度的部分,与内容、成果维度组成了一个个智力因素。图中的字母符号代表已有测验中能进行测量的因素,其意义如表5-3所示。

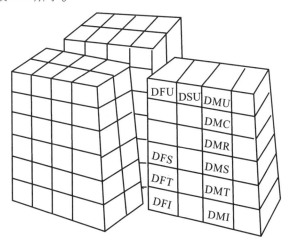

图5-18　吉尔福德智力结构模型中的发散思维块

吉尔福德智力结构测验包括14个分测验,现将各个分测验方法简介如下。

　　(1)词语流畅性(DSU)　迅速写出包含某个字母的单词。例如,包含字母O的单词:load、over、pot等。

　　(2)观念流畅性(DMU)　迅速列举属于某一种类事物的名称。例如,能燃烧的液体有:汽油、煤油、酒精等。

(3)联想流畅性(DMR)　列举近义词。例如,艰苦的近义词:艰难、困难、困苦等。

表5-3　吉尔福德智力结构模型中符号的意义

操 作 维 度	内 容 维 度	成 果 维 度
D——发散思维	F——图形 S——符号 M——语义 B——行为	U——单元 C——类别 R——关系 S——体系 T——转换 I——蕴涵

(4)表达流畅性(DMS)　写出每个词都以特定字母开头的四词句。例如,以字母K、U、Y、I开头的四词句:Keep up your interest,Kill unless yellow insects等。

(5)非常用途(DMC)　列举出一个指定物体的各种可能的非同寻常的用途。例如,报纸:用于点火、包装箱子的填充物等。

(6)解释比喻(DMS)　以几种不同方式完成包括比喻的句子。例如,"一个女人的美丽就像秋天,它_____",答案可能是"在还没来得及充分欣赏时就消逝了"。

(7)效用测验(DMU,DMT)　尽可能多地列举每一件东西的用途。例如,罐头盒可用作花瓶、用于切饼等。根据回答总数给观念流畅性记分,根据用途种类的变化给变通性记分(属于同一范畴的用途只能记一分)。

(8)故事命题(DMU,DMT)　写出一个短故事情节的所有合适的标题。例如,"冬天快到了,商店新来的售货员忙着销售手套。但他忘记了手套应该配对出售,结果商店最后剩下100只左手的手套。"答案可能有"只有左手的人"、"新职员"、"100只手套"等,可根据标题总数(思想流畅性)及有创见的标题数目(独创性)进行记分。

(9)推断结果(DMO,DMT)　列举一个假设事件的不同结果。例如,"假如人们不需要睡眠会产生什么结果?"答案可能是"干更多的活"、"不再需要闹钟"等。记分方式同故事命题的记分方式。

(10)职业象征(DMI)　列举一个给定的物体或符号所象征的职业。例如灯泡,答案可能是电气工程师、灯泡制造商等。

(11)组成对象(DFS)　利用一套简单的图案,如圆形、三角形等,画出几个指定的物体,任一图案都可重复或改变大小,但不能增加其他任何图形,如图5-19所示。

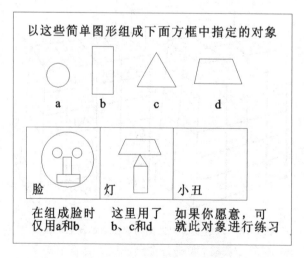

图5-19　组成对象测验示范项目

(12)绘图(DFU)　要求将一简单图形复杂化,给出尽可能多的可辨认物体的草图。

(13)火柴问题(DFI)　移动特定数目的火柴,保留特定数目的正方形或三角形,如图5-20所示。

拿掉三根火柴
保留四个正方形

　　　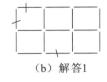　　　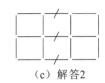

（a）给予的图案　　　　　（b）解答1　　　　　（c）解答2

图 5-20　火柴问题部分示范项目

(14) 装饰(DFI)　以尽可能多的不同设计来修饰一般物体的轮廓图。

以上 14 个测验中,有 10 个需要言语反应,4 个使用图形内容,它们都考查发散思维,适用于初中文化水平以上的人。这套测验用百分位和标准分数进行分数解释,其分半信度为 0.60～0.90。

二、托兰斯创造性思维测验

托兰斯创造性思维测验(TTCT)是由美国明尼苏达大学的托兰斯(E. P. Torrance)等人于 1966 年编制而成的,是目前应用最广泛的创造力测验,适用于各年龄阶段的人。它主要考查流畅性、灵活性、独创性、精确性这几个变量。

托兰斯测验由言语创造性思维测验、图画创造性思维测验及声音和词的创造性思维测验构成。这些测验均以游戏的形式组织、呈现,测验过程轻松愉快。言语测验由 7 个分测验构成。前 3 个测验是根据一张图画推演而来的。它们分别是:A. 提问题;B. 猜原因;C. 猜后果。后 4 个测验是:A. 产品改造;B. 非常用途测验;C. 非常问题;D. 假想。图画测验有三个,都是呈现未完成的或抽象的图案,要求被试完成它们,使其具有一定的意义。这三个分测验分别是:A. 图画构造;B. 未完成图画;C. 圆圈(或平行线)测验。声音和词测验的指导语和刺激都用录音磁带形式呈现。它包括两个分测验:A. 音响想象;B. 象声词想象。这三套测验的记分有所不同,言语测验从流畅性、变通性和独特性三方面记分;声音和词测验则只记独特性得分。具体的使用细则、信度资料、常模等,请参阅相关的测验手册。

正如 IQ 测试能够记录智力水平一样,托兰斯测试可以测量你的 CQ(即创造性能力)。数名成人和儿童参加了一个绘图方面的测试,每个人都被给出一些没有完成的线条,然后他们需要在 5 分钟内,将这些线条变成一幅画,如图 5-21 所示。最终这些作品送到了两个著名的创造力研究专家 James C. Kaufman 和 Kyung Hee Kim 手中。

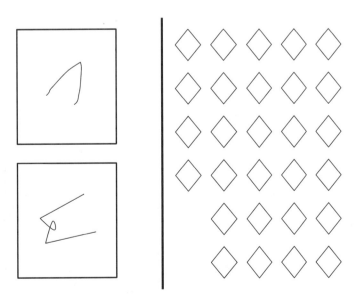

图 5-21　托兰斯测验

为托兰斯绘画测试打分,学者们并不是找出最好的艺术家,而是要找出最原创、最多的观点。具有故事情节,传达某种情绪,从不同角度看待问题,或是有动感的绘画会得到较高的分数;而如果反应平庸,分数就会很低。下面举例来具体分析。

1) Elizabeth (8 岁) 的绘画

Kaufman 说他喜欢孩子画的蜘蛛,Elizabeth 加上更多的腿,非常合理,也有织网的细节。如图 5-22 所示。

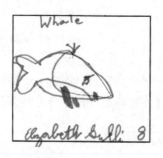

图 5-22　Elizabeth 的绘画

Kim 在满分 20 分中,给了她 15 分,这在幽默感、表达、题目抽象性方面上给分略低。

2) Grace (11 岁) 的绘画

Kim 给了 17 分(满分 20 分),在细节、表达、生动等方面给了高分。

Kaufman 也有同感,而且他认为这幅画故事感很强,让人很容易联想到下一幕会发生什么。如图 5-23 所示。

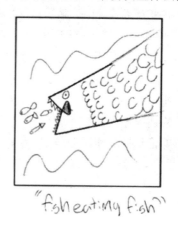

图 5-23　Grace 的绘画

3) Bill (成人) 的绘画

这是 Kaufman 最喜欢的画了。他看了后,笑了又笑,说:"最高分数是在幽默感方面。"这幅画原创性强,细节充分,有动感,还有一种特别的视觉透视角度,还有生动的细节,而且他也愿意打破框框。如图 5-24 所示。

Kim 给出了 19 分(满分 20 分),这是第二高的分数了。唯一失分之处在"从不同角度看物体"这一项上。

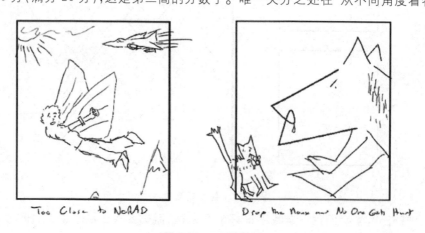

图 5-24　Bill 的绘画

4）Fiona（9 岁）的绘画

Kim 给出了 15 分（满分 20 分），失分点在于"从不同角度看物体"和"将事物综合联系"的能力。

Kaufman 说，这是他最喜欢的儿童作品了。虽然 Fiona 也画了很多选手画的鲨鱼，但是这个鲨鱼很完整，细节充分，而且很漂亮。从标题上认知到鲨鱼是孤独的，说明这个孩子明白一些成熟的观念。机器人的形象和颜色都会再赢得一些额外的分数。如图 5-25 所示。

Kaufman 很高兴得知 Fiona 的爸爸就是 Bill，他说，这不出人意料，父母的培养方式也会影响孩子的创造力。

5）Paulina（成人）的绘画

Kaufman 评价，虽然思维很流畅，但这个画还是较为平庸。

Kim 给出了 8 分（可能的满分为 16 分），她认为总体来说，缺乏亮点和新意。如图 5-26 所示。

图 5-25　Fiona 的绘画

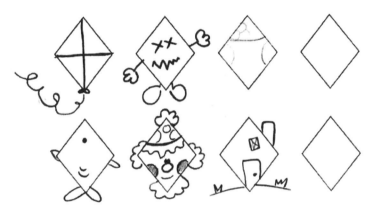

图 5-26　Paulina 的绘画

三、芝加哥大学创造力测验

芝加哥大学创造力测验（Chicago University Test of Creativity）是由美国芝加哥大学的心理学家盖泽尔斯（Getzels J. W.）和杰克逊（Jackson P. W.）于 20 世纪 60 年代初期编制的创造力测验。

许多研究表明，智商与创造力分数之间的相关是低的，但是是正相关。也有研究认为，智商与创造力之间的相关高低是由创造力测验的性质而定的，某种创造力可能要求较高的智力，而另一些创造力又可能与智力相关不高。尽管在智力和创造力的相关上还有不同的看法，但比较一致的意见是，高智商并不能保证高度的创造性，而低智商的人肯定只能得到创造力测验的低分数。一定水平的智商（一般认为最低阈限约为 120）对于从事文化教育、科学技术或艺术上的创造革新是必要的。盖泽尔斯和杰克逊等人根据吉尔福德的思想理论，对青少年的创造力进行了深入的研究，编制了一套测验，即芝加哥大学创造力测验。

通过这套测验，许多心理学工作者研究了创造性和实际创作作品之间的关系。瓦拉奇等人以 500 名大学生作为考生进行了研究，他们发现思维的流畅性和创造作品之间有明显的相关。结论是，根据思维流畅性能够预测许多领域中的成就。

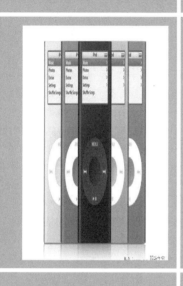

第六章

设计与情感

第一节　情感

第二节　设计物的情感体验

第三节　情感设计的法则

第一节 情感

说起情感,它是一个既抽象又具体的词。它充满着矛盾,更带有几分神秘。它与艺术的关系是美学讨论的重点。在19世纪下半叶,美学史上开始形成移情说,就是把情感、想象等非理性因素提到研究的首位,认为艺术创造、审美活动取决于审美态度和情感等。设计一词来源于英文"design",设计范围和门类很广,包括建筑、工业、环艺、装潢、展示、服装、平面设计等。从范围来讲,用来印刷的物品都和平面设计有关;从功能来讲,设计是"对视觉通过人自身进行调节而达到某种程度的行为",因此设计也称为视觉传达,即用视觉语言传递信息和表达观点。设计情感包括客户群(即市场各方)的情感,以及在此基础上设计者的情感。表现主义美学的重要代表克林伍德对艺术与情感做了研究,他认为艺术是情感的体现,而真正的艺术则是表现情感的。表现情感的过程是对自己的感情不断探测的过程,艺术的情感表现是个性化的情感表现;是表现公众的情感。因此视觉设计作为视觉艺术的一部分,设计者在设计活动的过程中能否捕捉住自己的创作情感是至关重要的。设计要让人感动,足够的细节本身就能感动人。图形创意本身能打动人,色彩品位能打动人,材料质地也能打动人。设计者应把设计的多种元素进行有机艺术化组合。另外,设计者更应该明白,现代设计已经成为提升生活品位、恢复疲惫身心、慰藉失落精神的一种方式。设计者只有将各方的共同情感贯穿设计始终,其设计才能让人过目不忘,才能引起人们心灵的共鸣,也才会有更多的市场机会。设计者所担任的是多重角色,需要知己知彼,需要调查对象,包括客户及客户的客户。而设计者的设计情感只是设计的一部分,不是对客户投其所好、夸夸其谈。设计者的设计代表着客户的产品,客户需要设计者的情感去打动他人,设计者事实上是"出卖"设计情感的人。因此,设计是一种与特定目的有着密切联系的艺术。

毋庸置疑,情感活动构成了人类精神生活的重要方面,不仅心理学专家对情感进行着乐此不疲的研究,同样也吸引着其他领域学者的关注和思考。放眼学术界,我们不难发现对此问题的探讨已经进行得非常深入,所研究的成果广泛应用于广告营销、计算机系统设计及产品设计等领域。纵观各个领域的研究方法,其性质可归纳为理性研究和感性研究两个方面。

对情感的理性研究主要是指通过定量和定性的研究方法,从实验、数据分析等方面,对人的情感这一原本难以名状的概念进行条理化和清晰化梳理,在现代技术的辅助下使人们对自身的心理状态有更加科学的认识。如感性工学就在情感的理性研究方面颇有建树,感性工学主张运用量化手法将人的抽象感觉表现出来,运用于设计。毫无疑问,这些研究为情感的认识注入了理性的色彩。另外,国际著名的心理学专家唐纳德·诺曼教授也对情感研究非常关注,为此进行了大量的实验分析来获得对人类情绪、情感的科学认识,以此指导"以用户为中心"的设计。他的专著《情感化设计》(Emotional Design),就是阐述主要基于情感状态的研究,以及用情感指导各类设计的方法。他的专著和学术论文启迪着设计者们对设计中情感要素的思考。

无独有偶,世界著名设计组织,德国青蛙设计公司,也有一本关于情感指导设计的名著——《形式追随激情》(Form Follows Emotion),书名既是该书的思想,也是该公司设计的精髓所在。秉承着这一思想,青蛙公司的设计硕果累累,不仅为许多世界著名公司创造了惊人的产品销售业绩,也赢得了设计界的阵阵喝彩。

在设计界,还有一位奇才——菲利普·斯塔克,他谈到自己的设计创意时就特别强调从发掘人类的情感本源出发,因此他创造了许多富有表情和生命力的作品,其中一些被公认为20世纪的经典设计。例如柠檬榨汁机、"外星人"果篮等产品,它们激活了人们的好奇心,也给原本平淡无奇的日常生活带来了愉悦和乐趣。青蛙公司及菲利普·斯塔克等设计师对于情感的研究,与感性工学和诺曼教授的研究相比起来更具感性色彩,他们更多地从对生活、对设计的理解和感悟出发来使设计蕴含情感意味,也可以这么说,他们是在感性层面对情感进行着研究。

第二节 设计物的情感体验

根据马斯洛提出的需要层次理论,人们对设计的要求是随着社会整体生产力水平的发展不断提升的。当社会经济发展处于较低水平时,人们只要求简单而实用的设计。第二次世界大战后的20世纪四五十年代,世界正处于经济落后、物质匮乏的时期,现代主义设计迎合了当时人们对设计的需求,具有讲究功能良好、强调理性的特点。到了20世纪六七十年代,经济快速发展,许多国家进入了丰裕社会时期,现代主义那种不要装饰的千篇一律的单调风格已经不能满足人们对设计的需要。于是,波普设计风格、后现代主义等在这个到处充斥着冷漠无情设计的世界中陆续登场。它们极度张扬个性,感性地为设计注入过量的情感,最终走向了泛情、多情的形式主义的极端。

从理性的功能主义转化到感性的形式主义过程中,我们可以粗略地看到,随着社会的安定、经济的发展,人们对设计中情感因素的要求在逐渐上升。设计物作为人类生产方式的主要载体,应起到满足人类高级的精神需要及协调、平衡情感的作用。

一、产品设计的情感体验

1.产品设计的使命

"所谓产品就是人类制造的物质财富"。我们的生活中存在着各种各样的产品,产品是为了满足人的需要而诞生的。随着人的需求层次不断提高,产品也在不断进化。从第一块为了生存而敲砸的石块到今天各种各样的电子产品,它们都满足了人们日益增长的物质文化需求。到今天,产品的使命已不仅仅是工具,它们发展成为人类生活环境中的必需品。产品和人之间的关系越来越紧密,产品的使命正在由"工具化"向"角色化"转变,它们既是人们向外传达自我的表现,更是与人们交流情感的朋友。

2.产品设计中情感因素的发展

在产品设计的历史长河中,情感与设计就如两股不断涌动的浪潮,时而交织、时而分离,它们推动着人类的造物活动不断向前发展。远古人类磨石为刀、削木成箭,从此赋予了物品以设计,也赋予了设计以情感。沧海桑田,时代在发展,技术在进步,随着工业革命的爆发,人类翻开了产品设计的历史新篇章,同时也为情感与设计的对话添加了新的注解。产品设计中情感因素的发展经历了以下三个时期。

第一个时期是在20世纪的三四十年代,这个时期的特点是单纯以技术来驱动产品市场的。这时也正是流线型风格大行其道的时候,这个诞生于空气动力学实验的名词,引爆了一个时代的潮流。大至交通工具,小至日用家电,处处可以见到流线形态的踪影。这种由技术引起的造型设计变革,在无形中导致了人们对这种设计风格的盲目狂热和极端崇拜,甚至泛滥成妨碍功能发挥的纯形式和纯手法的设计。心理学家唐纳德·诺曼教授指出,这时的人们不责怪产品不好用,反而具有"主动去适应产品"的倾向。因此,也可以这么认为,该时期的整体趋向是情感追随设计的。

第二个时期是从20世纪50年代末到20世纪中后期。这个时期的产品是由技术、造型和人机因素所共同驱动的,其特征表现为情感完善设计。例如,克莱斯勒公司设计生产的"战斗机"式小汽车,如图6-1所示,目标不是为了经久耐用,而是为了满足人们把汽车作为力量和地理标志的心理。

图6-1　克莱斯勒公司设计的"战斗机"式小汽车

随着人类向太空探险的梦想实现,设计也越来越关注人的情感。例如,罗维在为美国宇航局进行太空舱设计时考虑得更多的就是操作感、宜人感及减少孤独感,这也就意味着情感因素渐渐在介入设计,并且不断地帮助设计更加完善。如图6-2所示。

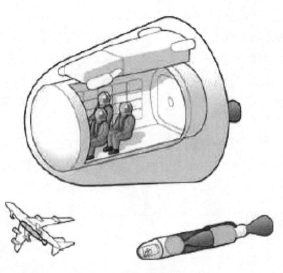

图 6-2　太空舱设计

时间推至新的世纪,进入第三个时期,商品的形式和消费方式都发生了质的变革,人们追求的是那些完整的、能够体现他们自身价值和素质并丰富他们生活的产品。简而言之,人们期盼通过产品获得体验,因此也就诞生了为满足人们感性体验需求的产品设计。例如,越来越多的数码产品就是为使人们的生活更富感性色彩而设计的,如附图 37 所示。现代许多成功的例子也是从人的情感本体需求出发而进行设计和创意的,毋庸置疑,情感成就了设计。

3. 苹果公司的 iPod 产品设计案例

下面以 21 世纪初最流行的电子产品——苹果公司的设计为例,来阐述产品设计中的情感因素。论及"苹果",我们不禁会想起设计师乔纳森·艾维曾设计过的果冻般颜色的 iMac、像冰块一样的 G4 Cube。实际上,后工业风格的 iPod 依然秉承的是苹果公司的传统风格。从 2001 年的 iPod 1 代到 2006 年的 iPod 5 代,都显现出苹果 iPod 简约、唯美、纤薄之风,如附图 38 所示。正如艾维所说:"我们的目标是通过设计 iPod,开发一种体积小而操作十分简单的产品。我们想尽可能地开发一种最完美的 MP3 播放器,设计一件标志性的产品。"通过唯美的设计,苹果公司让冰冷的工业产品成为时尚饰品,让 iPod 无论在音乐的听觉、外观的视觉,还是在操作上都成为一种享受。

图 6-3　iPod shuffle

1) 外形

当不同系列的 iPod 产品放在我们面前时,大多数人都会喜欢上它,并发出由衷的赞叹,加之诸如"美"、"酷"、"舒服"的评价。毫无疑问,这种赞叹来源于 iPod 简约的外形。从 iPod 的家族表可以看出,iPod 外形简洁、大方、小巧、玲珑。除了屏幕和控制键外,表面别无赘饰。2005 年出品的 iPod shuffle 更是简约到极致——连播放屏幕都省去,只有控制键,任音乐爱好者随意播放自己喜爱的歌曲,如图 6-3 所示。同时,设计师也考虑到许多小的细节,比如防尘盖、迷你磨砂表面和各种时尚配件(正如衣服需要不同的装饰物来搭配一样)——这些设计细节使 iPod 从众多播放器中脱颖而出,成为无数音乐发烧友的最爱。总之,iPod 简约的外表散发出迷人的魅力,并直接影响着人们的情感。

2) 色彩

在 iPod 设计中,色彩与外形相统一,富有极强的感情色彩和表现特征,并具有精神感召力。色彩能影响人的情感。美国视觉艺术心理学家布鲁墨认为色彩能唤起各种情绪,表达感情,甚至影响我们正常的生理感受。

作为审美中最普遍的形式,色彩成为设计情感得以表达的重要因素。进入工业时代,从工业产品到家具、服装,黑、白、灰无不充斥着我们的视觉。黑、白、灰等中性色彩常常被运用到设计中,这些色彩折射出金属的质感,凸现了冷静与理智。而 iPod 的 nano 和 shuffle 系列的播放器又增加了粉红、粉绿和粉蓝色外壳(见附图39)。这些色彩使 iPod 一改以往单调的黑、白、灰,带给人们更时尚、更年轻的感觉。这便是色彩在产品情感设计中的重要性。

3)用户体验

用户体验是指用户使用产品时所产生的心理感受。iPod 不仅能带来视觉享受,同样也使人在体验过程中感受到快乐。苹果公司比其他公司更关注用户的体验。在 iPod 的设计中,这种情感关注从用户打开包装盒、插上电源就已开始。从人性化角度设计的 iPod,尽可能取消无实际用途的功能,让界面更清晰,更易于操作,使所有的细节都能给用户带来惊喜。iPod 还在营销过程中为用户提供情感体验的场所。在这里,用户们可以分享最新的 iPod 播放产品和最新发布的音乐;还可以与工作人员、其他音乐爱好者愉快地交流,从而结识新朋友,壮大"果粉"(苹果公司产品爱好者)的队伍。此时,iPod 已不仅是一个数码产品,而是一个消费符号。iPod 的设计甚至已经影响到"果粉"们的穿着打扮、生活方式,他们通过 iPod 获得了自身的价值认同。

iPod 的外形、色彩和用户体验这三个方面反映了设计者对用户情感三个层次——本能、行为、反思的正确把握,给我们以启迪。

二、传统图形的情感设计

现代设计发展到如今这个阶段,中国的传统图形在其中的作用功不可没。就拿中国传统的福、禄、寿、喜图形来说,福、禄、寿、喜图形的构成皆来源于人们对幸福美好生活的渴望与追求。这种精神要求广泛而深刻地渗透到人们的日常生活中,从而以吉祥如意的艺术形式表现出来,如婚嫁、生子继嗣、延年益寿、升官发财、科考中举、风调雨顺、五谷丰登、六畜兴旺等,可以说涉及古代人们生活的各个领域。从福、禄、寿、喜图形的装饰艺术表现形式来看,其造字图形的寓意和表现包括以下内容。

"福",即幸福。在不同的历史时期,人们对幸福观念的内涵和理解的判断标准也不同。古人认为,幸福乃上天和祖先所赐,故而应祭天祀祖。故"福"字的造字也与此相关。"福"字的左旁是"示"旁,即表示祭坛或供桌之类;"畐"的雏形是尊、瓿之类的大、中型酒器,也就是供品。原来的"畐"字下面有两只手,将"畐"中的酒倒在祭坛上,即以此祭祀上天、祖先,祈求幸福。《尚书·洪范》云:"五福:一曰寿,二曰富,三曰康宁,四曰攸好德,五曰考终命。"这五层意思是长寿延年、富贵殷实、身体康宁、积德行善、自然命终。"富"是五福的内容,又与"福"近音,因而富贵殷实不仅是幸福的基础,也是幸福的内容。刘熙《释名》曰:"福,富也。其中多品如富者也。"多品,是完备的意思。可见,对古人来说,生活的完备就是幸福、是吉祥,可以说五福是吉祥的具体化。吉祥图形中的"富贵图"实际上也就是"福"图,只是含蓄一些而已。所以在古时,"五福"的内容也就是人们对幸福的全部理解。宋代欧阳修有诗云:"事国一心勤以瘁,还家五福寿而康。"春联中也常见"五福"一词,如"人臻五福,花满三春","三阳临吉地,五福萃华门"等。人们认为幸福是物质和精神的丰富,是人与自然的和谐,能造福子孙后代,还能促进社会的进步和发展。人们希望能打造一幅永远和谐宁静富裕的生活图,因此离不开"福"字。如今春节时,中国人仍有倒贴"福"字的习俗,如图6-4所示。

图6-4　"福到了"

"禄",旧时指官吏的俸禄、俸给。《说文解字》中说,"禄,福也"。禄字也可解释为"福",如同"五福"中的富,指富贵殷实。"禄相"即为"福相"。古代官吏的俸禄称为"禄米",官职称为"禄位",在古代的中国,有高官就有厚禄,有厚禄就意味着生活富裕、有保障。古代中国是一个农业大国,重农轻商、入仕为官的观念长期占据人们的思想,但务农是一种自给自足的生活方式,是不易有丰厚的家产的,因此人们更希望当官。以禄为题的吉祥内容的图形有"鲤鱼跃农门"、"五子登科"等,这些图形承载着古人希望能改变自己命运的愿望及希望过上富裕生活的期盼。如图6-5所示。

"寿",是指长寿,即追求生命的无限。"福如东海,寿比南山",是古时人们心理的最佳反映。长寿是人生大事,以长寿为幸福的观念在商代就有记述。《尚书·洪范》中云:"五福:一曰寿,二曰富,三曰康宁,四曰攸好德,五曰考终命。六极:一曰凶短折,二曰疾,三曰忧,四曰贫,五曰恶,六曰弱。"古人的五福以寿为先。古时受科学技术条件的限制,人们难以充分保障生存条件,无法抗拒自然生命的短暂,因而长寿就成了幸福与否的头等大事。以长寿为吉祥图形的题材有"麻姑献寿"、"八仙献寿"及各种寿字等,如图6-6所示。

图6-5 鲤鱼跃龙门

图6-6 麻姑献寿图

图6-7 阴阳龙凤镂空喜字玉

"喜"是喜庆,平常生活中称心如意、令人高兴的事都是喜事。喜与福、禄相似,与古时的祭祀有关。古文中的"喜"写作"禧"。《说文解字》中"喜"又可写作"憙",从其上下结构的外形来看是"喜在心上",自然是发自内心的喜悦。现今的"喜"字,有字谜"看上十一口,看下二十口",真是笑口常开了。古人说人生有四喜,即"久旱逢甘露,他乡遇故知,洞房花烛夜,金榜题名时"。一个人如果遇到这四喜,是怎样的情绪和心情呢?"喜"字运用很广,如成婚是喜,生子也是喜。女人怀孕称"有喜",生了孩子称"添喜",生男孩称"大喜",生女孩称"小喜",生子送的红蛋称"喜蛋"。还有"红白喜事"说法,办丧事为白喜事,办喜事为红喜事。逢年过节是喜庆的日子,风调雨顺、五谷丰登也是喜事。这一切"喜"的说法,可以说是人们对生活的一种理解、希望和祝福,是对美满生活愉悦情感的流露。民间以"喜"为题材的吉祥图形最典型的有"喜鹊闹梅"、"喜上眉梢"等。而以阴阳符号来创造的"喜"字图形,则表达了人们含蓄而又大胆泼辣的祈福心理,如图6-7所示。

从现代心理学来分析,人的情感是受其生活环境、文化素养及其所见所闻影响的,故人的情感的形成离不开心境。所谓"心",是指思维、内心感受和欲望等心理活动层面的内容,"心者,形之君也,而神明之主也"。在设计创作中,它是一个隐性的层面,不论是设计者还是观众,所说的文化感、美感都是在这个层面上相互感应的。一切艺术都是抒情的,都必须表现一种心灵上的感触。显著的如喜、怒、爱、哀、愁等情绪,微妙的如兴奋、忧郁、宁静及种种不可名状的飘来忽去的心境,这些是设计师和民众都具有的普遍的情感心理。巴恩施在《艺术与情感》一文中的结论是:"情感不可能完全存在于人们视为'内容'的可感觉的范畴,而是弥漫于艺术作品的形式因素与美学因素之中。"所以,从福、禄、寿、喜图形中可清晰地透视中国民众渴望美好生活的情感、价值观念和审美观,以及当时艺人们的设计心理。

三、室内环境与建筑空间的情感体验

当前,伴随着城市化进程的加快,人类与大自然的联系日益减少,到处是坚硬的墙面、冰冷的家具与陌生的空间。而室内空间中的情感设计主要体现在自然采光、自然通风和天然材料选择等方面,这些因素能够充分展现自然之美,拉近人与自然的距离,并能抚慰人类的精神与情感,让人们在繁忙的工作之余享受自然的舒适。

1.针对自然生态方面的情感设计

1) 自然采光

光和影,对于空间中情感的塑造有一定的作用。太阳光是一切生命的源泉,它可以改变天空的颜色、气候的冷暖、四季的变化。所以,室内的自然采光是情感设计的重要环节。太阳光通过墙面上的窗户进入空间,投落在空间的表面上产生丰富的色彩和质感的变化。随着时间的不同,光影变化也随之不同,使得室内空间活跃起来。因此,室内空间设计会因为有了光影的情感设计而具有生命力。

建筑大师勒·柯布西耶(Le Corbusier,1887—1965)设计的朗香教堂就能很好地说明这一点。朗香教堂如附图40所示,它打破了当时现代主义方盒子式的空间设计手法,将室内空间设计成不规则形状。南面的墙被称之为"光墙",这个墙体很厚,窗子是一些不规则的空洞,室外开口小,而室内开口大,造型奇特,窗玻璃采用教堂里常用的彩色玻璃,太阳光照进来形成了五彩缤纷的效果;同时,墙体和屋顶的接缝处也有一定的间隙,它所形成的三个弧形塔把自然光引入室内。这些做法使室内产生非常奇特的光线效果,如附图41所示,使室内空间产生了一种神秘感,引起教徒们心理上的共鸣,给人以内心的触动。

2) 自然通风

建筑群风环境与建筑室内通风效果是营造人体生理舒适性的主要因素。由于自然通风系统运行的动力来自于自然界的自然过程,因此该技术自古以来就是一种免费的自然冷却技术,在古建筑中得到广泛的应用。空调技术和产品日益发展以后,自然冷却技术逐渐被人们所淡忘。但是,20世纪发生了能源危机和全球环境危机后,集合低能耗、高环境价值的自然通风技术作为重要的生态建筑技术之一,开始受到广泛关注。随着现代化的办公楼及新式办公设备的不断投入使用,许多人在这样的工作环境中容易出现疲倦、头晕眼花、反应迟钝、烦躁不安、呼吸不畅、食欲减退等症状,也就是我们说的"办公室综合征"。进入21世纪之后,自然通风系统具有的节省能源、创造舒适室内环境等方面的优点逐渐显现出来,在示范性生态建筑中得到广泛的应用。例如,2010年上海世博会智利馆(见附图42),就利用了太阳能增强热压形成室内外温差而产生自然通风的方法。

2.针对老龄化方面的情感设计

有研究结果表明,21世纪40年代左右,中国将步入老龄化社会。老年人居住房的情感设计已经成为当下室内设计关注的一个焦点。随着年龄的增大,老年人的各种机能在退化,感觉能力、观察能力、行动能力等逐渐下降或丧失。因此,老年人的行为空间和环境设施须补偿他们各种能力的降低,并能维护和锻炼老年人尚存的生活能力。在心理方面,老年人更容易有孤独感,因此他们需要一些特殊的空间环境,来寻求友谊、慰藉与互助,消除孤独感、寂寞感。老年人居住房的设计应满足老年人在生理、心理和社会方面的种种特殊需要。

3.针对个性化发展方面的情感设计

当代社会进入多元化时期,人们崇尚自我与创新,追求个性的完美。室内设计塑造的独特鲜明的个性空间,满足了人们个性的需求,也培养了人们个性化审美的追求。设计的空间是同人的行为互助互动的,如果空间设计功能合理,就符合情感之间的对应。情感的共鸣不在于我们所设计的空间是多么豪华或多么简洁,也不在于通过什么方式来实现,只要我们设计的空间能使人有种依赖、有种寄托、有种希望、有种和谐、有种体现,就为人创建了具有新内涵的生活环境。

具体到设计师在进行室内空间装饰设计时,除了要求我们调整好装饰品与室内空间的关系,把握室内整体设计的风格,以及对装饰品的类型、色彩、形状等与功能的完美结合之外,还要对具体的人从年龄、性别、文化素养、兴趣爱好等诸多方面进行较全面的研究,更要体现环境中人的内心理想与追求。设计师应当为不同的生活方式提供各具特色、展示不同意境的,将人间情感、自然科学、社会信息、审美情趣等因素综合在一起的,创造既有独特艺术风格又能表现艺术个性的室内环境。只有把人放在第一位,才能使设计人性化;只有对不同的人做深入的研究,才能创造出个性化的室内空间环境。

以中国传统的茶馆设计为例。茶馆作为一种休闲娱乐空间,在人们生活中起着越来越重要的作用。茶馆品茗需要相关的产品,如茶叶、茶具、茶点等。茶馆是茶文化不可或缺的组成部分,也是茶文化的重要载体之一。茶馆是服务行业的一种,因此服务也是茶馆的文化载体之一。另外,茶馆作为一种公共休闲空间环境,在空间布局上有别于家居设计,于是茶馆的空间布局设计也可以看做是一种文化的载体。宁静优雅的环境,室内有格调的摆设,与朋友或畅谈、或叙旧、或对弈半日,抑或是独自享受那份难得的休闲乐趣,临窗而坐,细品香茗,耳畔是丝丝琴音,其中那份滋味,让人流连忘返。人们在追求功能合理的室内空间设计的基础上,也从未停止过对室内空间设计中文化内涵的追寻脚步。现代社会饮茶场所也逐步走向一种轻松、随意、淡泊、休闲的意境。以茶为题营造的空间,让人们品味生活、释放心情,可谓其乐融融。在家居、饭馆、办公室,甚至在街头的茶摊,都不失为饮茶的好去处,茶馆也只是其中的一种。不同的还有饮茶人的心情,若说街头的大碗茶摊是歇脚纳凉之所,那么茶馆则可以说是一种淡泊心志、品味生活的自在天地了。在这种格调下来思考设计不失为一种趣事。附图43所示为杭州青藤茶馆之一隅,茶馆中所体现的那种独特的情境,让置身其中的人心情释然。

室内环境的意境是通过室内空间布局、家具器物样式的选择、材料质感的搭配及界面造型等一系列环境的设计来形成的空间整体美。这些设计营造出空间的整体美与空间的意境美感,使人深深地感悟到设计内在的个性与情调。"艺术的境界,既是心灵和宇宙净化,又是心灵和宇宙深化,使人在超脱胸襟里体味到宇宙的深境",这是宗白华先生对意境的阐述。茶馆的室内环境设计也是以人为中心的全方位的空间整体设计,其根本目的就是为人们营造一个功能合理、形式美观、情趣高雅的休闲娱乐环境。这就涉及三个不同的层面:首先,要注重茶馆室内平面布局是否科学、空间划分是否合理、交通组织是否流畅、家具造型及尺寸是否符合人体工学等;其次,就是如何进一步把握与人的视觉有关的形式美问题,主要包括室内环境空间及有关造型的比例尺度是否得当,各界面装修及室内陈设的造型、色彩、图案选材和构造是否符合形式美的规律等;最后,就要看茶馆带给人的精神上的愉悦之情了,也就是所提及的情感美。

不难看出,室内环境由多种元素构成,如空间布置、材料质感、色彩、灯光、家具陈设等。所有这些元素的组合,已经超越了人们对产品功能上的需求,转而向更高层次的文化内涵及情感需求等方面过渡,从而创造出符合人们生理、心理需求的内部空间。它所集中体现的是室内空间的某种思想与主题,譬如情景交融、审美主客体之间的互通有无等,这也是室内设计中的最高境界。如图6-8所示,在所阐述的意境审美空间中,通过相同元素间的重组,营造出富有意味的空间环境。

图 6-8 意境审美空间

四、商品广告的情感体验

商品广告的情感设计与其他艺术作品的情感表现比较,虽然有一定的共性,但更有其独特的个性。

就共性而言,一方面,它们都是运用情感来达到一定的目的,商品广告如果没有情感色彩,只能是枯燥的、僵化的、概念式的;另一方面,它们都是将情感表现为一种意愿,并通过相应的形式体现出来,目的都是在于唤起人的情感共鸣。

就个性而言,它们又存在着很大的差异,突出表现在以下几点。

第一,不同的目的性。艺术作品表现情感是以纯欣赏为目的的,它可以使人得到某种精神上的满足;而商品广告则是为经济服务的,是商品传递信息的手段。

第二,相对的明确性。在其他艺术形式中,如绘画,其感情的表现更多的是画家个人的主观感受,这种情感可以是隐晦的、深奥的,别人不理解也行,细细地品味也可以;但商品广告必须注重时间效应,这是因为人们生活节奏加快,社会信息量加大,不可能有太多的时间面对广告仔细揣摩,另外由于产品更新换代很快,商品广告必须在一定的时间内发生作用。所以,要求商品广告中的情感设计必须较为直接与外露,使人在很短的时间内能理解和接受。

第三,特定性。在其他艺术形式中,情感表达是多元的,喜、怒、哀、乐、愁、爱、憎、欲等都可以表现,通过艺术的再生产,使人产生各种不同的内心感受;但商品广告的情感设计则只能引起受众喜、乐、爱和亲切等良好的、肯定的情绪,如果产生厌恶、愤怒或悲哀等否定情绪,是很难产生购买行为的。因此,商品广告中情感设计的表达一般采用抒情、趣味、幽默等手法,以唤起人们愉悦情绪,触发人们肯定的情感。

在商品广告中,艺术价值与商业价值是处在一个统一体中的,它们之间相互制约,形成了商品广告情感设计的鲜明特征。那么,商品广告情感设计的原则是什么呢?

1.目的性原则

商品广告中的情感设计是一种理性设计,它是在目的性的指引下进行的。它不同于表现主义的无控制的感情爆发,也不同于结构主义和风格派的冷漠,它是为人服务的。明确地说,情感设计必须以推销商品和树立企业形象为目的。因为厂商做广告就是为了卖出东西,所以情感的设计与表达也就是为了达到这个目的而使用的一种手段。因此,商品广告中的情感设计必须与产品及企业形成内在的合乎逻辑的联系,这样才能加深受众对产品和企业的印象。在商品广告情感设计中,对受众的研究是十分重要的。由于存在不同的情感因素和价值观,以及不同信仰、立场等因素的影响,受众的情况是千差万别的。当媒介传播给他们的信息符合他们的信仰和立场时,就会容易接受、理解和记忆;反之,就会拒绝、曲解和遗忘,这就是人的选择性因素。例如,各民族、各宗教都有各自禁忌的图案和色彩,如果设计者因不了解而在商品广告中使用这些形和色,那么就会引起某些地区受众的反感,并会把这种反感转移到广告所宣传的产品上。我们的社会属于结构型社会,不同年龄、不同性别、不同区域和不同文化层次的消费者的喜好与思维的出发点都是不同的,广告设计者了解并研究这些问题,采取正确的策略,拿出符合消费者情感的设计作品,是商品广告成败的关键。

2.认识性原则

商品广告中情感设计的表现形式是丰富的、生动的,但是商品广告中的情感设计不是一种简单的感受形式,也不是什么超意识的存在,而是与一定的认识活动相联系的。一定的认识构成了某种情感活动的内容,认识过程在广告的情感设计中起着关键的、普遍的作用。从设计者进行情感设计的过程可以证明,情感活动包含着认识活动。虽然感觉和知觉对创作有着某种契机,但是感觉和知觉难以直接进入创作构思,情感活动是在认识活动的参与下产生的,同时,情感活动又会给认识活动以影响。以劲酒的电视广告为例,"劲酒虽好,可不要贪杯哟",这个广告好就好在情与理的高度结合,它不是感觉和知觉所能直接表现出来的,而是一定认识深度后的产物。它通过暗示和启发,加深了消费者对劲酒的认识,引起了消费者更为丰富的情感活动。一定的认识深度可以强化情感设计的强度,情感设计的强度又可以促进消费者的认识深度。它们彼此相互作用,这种作用正是商品广告中的情感设计所寻求的表现力。

总之,无论我们怎样论述商品广告创作的性质、任务、特征等,有一点是不变的,这就是商品广告设计如不能体现人文情感与社会性,那么企业的理念与姿态,以及设计者的素质、品位和灵感等价值,也就随着广告目标对象的消失而化为乌有了。

五、礼品包装设计的情感体验

在现代经济社会中,消费者是理性的购买者;但在整个消费行为过程中,消费者的消费会夹杂着一系列复杂的情感。经过外界因素的刺激和诱导,消费者很容易对某一礼品产生浓厚的兴趣,最终产生购买行为。根据对人们的礼品消费行为过程的分析研究,可以确定礼品包装的情感传递过程(见图6-9),从而在这基础上提供一系列情感定位设计原则。

图6-9　礼品消费行为及情感传递过程分析

情感吸引是人们消费前的感性心理。礼品包装的吸引性原则就是利用包装表面的装饰效果,如图形、色彩、文字等视觉因素,直接作用于消费者的视觉器官,从而引起消费者的注意。礼品包装的吸引性原则主要有以下五个方面。

1.鲜明的礼品特征

除了传递商品的基本信息之外,礼品包装应注重满足人们的精神需求。因此,礼品包装的外表着重表现华贵、典雅的装饰效果,通过装饰性来提高商品的吸引性,用外在的艺术形态来提高商品的竞争力和经济效益,通过一些具有象征意味的装饰细节,如红色方纸、心形、丝带等,营造出喜庆吉利的气氛,以引起人们的情感共鸣,如附图44所示。

2.醒目的视觉形象

商品在货架上的竞争首先是色彩的竞争,包装的色彩设计是引领消费者购买的第一视觉向导。因此,礼品包装设计更加注重利用色彩本身的单纯性。对色彩传递速度的研究结果表明,整体色彩在明度、纯度相同的情况下,单色比二色配置的传递速度要快。由此可见,简洁、明朗的色彩给人明确、醒目的感觉,容易产生视觉冲击力,使商品能够在众多竞争对象中脱颖而出。当然,在一些具体的礼品包装设计中,色彩选择应有所区分。例如,儿童类的礼品包装设计最好采用多色系的配色,这样使整个画面形象饱满跳跃,能迅速吸引儿童(见附图45)。

3.高档性

礼品作为馈赠物品,既要体现送礼者的身份,又要表达受礼者的尊贵。因此,礼品包装应注重文化品位的塑造。如在包装材料方面,现代的包装材料已从过去的天然材料发展到合成材料,由单一材料发展至复合材料,大大丰富了包装材料的选择范围。因此,在相对比较广泛的领域里,应慎重选择合适的材料来体现礼品包装的高档性。如今,人们非常喜欢选择金属材料用于礼品的包装,如铁、铝等,因为它们既具有金器、银器般的贵重感,又有利于加工造型和印刷,并且还可以再生利用。另外,高档次的材料不一定都能体现礼品的高档性,要看设计师是否用得恰到好处,否则就成了俗气;反之,低档次的材料也不一定不能体现礼品的高档性,恰当选用一些具有浓郁地方特色的材料也会具有高档感。例如,茶叶包装选用毛竹做包装材料,经过精心处理加工,既经济实惠又显高档,符合当今大力提倡绿色包装的潮流(见附图46)。

4.针对性

现代礼品多种多样,针对不同的场合、节日、对象,应该赠送不同的礼品,这就要求礼品包装应该有十分明确的针对性。例如,中秋佳节月饼的礼品包装设计,就要突出中国传统文化中团圆、喜庆、吉祥的主题,如具有花好月圆意味的图案,大红色及金色的运用,这些都为人们所喜爱;西方情人节巧克力的礼品包装设计,则是要突出表现年轻人追求浪漫、充满爱意的主题。一般来说,为儿童设计的礼品包装要突出表现的是天真活泼;为青年设计的礼品包装应具有科技感和时尚感;为老年人设计的礼品包装则应具有古典深沉的特点,过于花哨反而不受欢迎。

5.特色性

不同的礼品产于不同的地区,而每个地区都有其独特的个性,因此礼品包装应强调设计创意,突出本民族、本地区的地方特色或传统特色,突出表现它的风土人情。例如,体现湘西民族特色的酒鬼酒的包装(见附图47),古香古色的麻袋包裹、简单的麻绳束口,这些都体现了湘西人民纯朴的本质和崇尚自然的天性,是古朴浑厚的湘西文化的鲜活再现。再如,泸州老窖的国窖1573(见附图48),其中一类容器就是从竹的特殊内涵出发,把容器设计成竹节形,瓶身雕有浮雕的竹形并绘制成青花彩绘效果,把竹的神韵与气节创造性地运用其中,赋予酒包装以力度,体现了泸州老窖人顽强的拼搏精神。

第三节　情感设计的法则

情感设计是如此重要,但要准确捕捉到它,就必须了解影响情感的因素,主要有以下两方面影响因素。

第一,新工艺、新技术的影响。新工艺、新技术、新材料的研制开发及应用,为艺术在形式及内容的多样性上提供了可能因素,特别是后工业时代艺术对现代生活观念及设计观念产生了深远的影响,艺术设计的系统化和专业化的程度也伴随着科技进步而更为加深。尤其是电脑艺术的兴起开拓了多种新的设计领域,但是机器痕迹过于明显的问题一直是电脑与网络艺术挥之不去的阴影。与艺术设计领域一样,其他艺术创造领域也在不同程度上被这个尖锐的问题困扰着。人类自身已在这个社会承受了太多的压力,而这种消极影响使人们内心局促、不安、恐慌及压抑的感觉随之越发强烈。

第二,现代设计本土化特征的影响。随着社会的迅猛发展,人们情感的波动及变化频率越来越快。设计在发挥个性的同时,更应正视人们情感善变的客观事实的存在。由于人的社会性,使得任何市场动向都直接受人易变的情感所左右,那么设计师如何准确地提炼影响人的情感方向的因素,并将这些因素通过设计过程表现出来就显得非常关键。一个优秀的设计师,他的设计方案要与市场接受能力相结合,这一问题的解决之道,就是设计的本土化。本土化是对本土文化的认同。探索本土文化的内涵,找出传统文化与自己个性的碰撞点,形成自己的设计风格,这才是设计本土化的精髓所在。

一、情感定位设计观念

设计定位观念是 20 世纪 60 年代提出的,它是指设计师通过市场调查,在正确把握消费者对产品与包装的需求(内在质量与视觉外观)的基础上,确定设计的信息表现与形象表现的一种设计策略。它在销售中起直接介绍产品的作用,也是直截了当的表现方法。情感定位是指运用产品直接或间接地冲击消费者的情感体验而进行定位,用恰当的情感唤起消费者内心深处的共鸣。例如,浙江纳爱斯的雕牌洗衣粉借用社会关注资源创造的"下岗篇",就是较成功的情感定位策略,"妈妈,我能帮您干活啦"——广告台词的真情流露引起了消费者内心深处的震颤及强烈的情感共鸣,自此,纳爱斯和雕牌更加深入人心。又如,美加净护手霜的广告台词"就像妈妈的手温柔依旧",让我们的内心掀起阵阵涟漪,觉得美加净的呵护就像妈妈一样温柔。还有丽珠得乐的"其实男人更需要关怀",也是情感定位策略的绝妙运用。

二、情感定位设计的作用

1.情感定位可以带给消费者更多的个性化体验

事实上,有时消费者购买某个品牌的产品时,不仅要获得产品的某种功能,更重要的是想通过品牌表达自己的价值主张,展示自己的生活方式。如果企业在品牌定位时忽略了这一点,一味强调产品的属性和功能,不能满足消费者心理上的更多需求,就会逐渐被市场淘汰。

2.情感定位的品牌溢价能力强

对于同一类产品,消费者对使用情感定位的品牌的价格敏感度往往比使用产品属性定位的品牌低。只要品牌的情感诉求被消费者认同,该品牌就为消费者创造了产品功能以外的更多利益,消费者对价格的关注程度就会降低。

3.情感定位更容易为消费者记忆

一个触动消费者内心世界的情感诉求往往会给消费者留下深刻而长久的记忆,并在消费者做出购买决策时激发出一种直觉,增强消费者的品牌忠诚度。"我喜欢"往往比"我需要"的吸引力更持久。

4.情感定位为品牌延伸提供了更广阔的空间

情感的包容力比产品属性的包容力大得多,能为品牌向其他领域的延伸创造更多成功的机会。例如,宝洁公司的洗发产品品牌沙宣定位为"时尚现代",就可以成功地从洗发护发产品延伸到定型产品,如摩丝等,即使将来向化妆品延伸也是可行的;而定位于"使秀发飘逸柔顺"的飘柔洗发水就不容易向其他领域延伸。

三、情感定位设计的适用范围

虽然情感定位能够为企业带来许多好处,但这并不是说产品属性不重要。只不过具体到一些产品或消费情形下,在一定水平的产品功能和属性的支撑下,情感已经超过产品属性,成为消费者购买决策的主要推动力。

1.适合于情感定位的产品类别

1) 大众化日用品

许多大众化日用消费品,如肥皂、牙膏、洗发水等,产品属性之间的差别很小,只有赋予品牌情感上的内涵才能停止其继续流于大众化的趋势,并维系住消费者的注意力。例如,宝洁公司的洗发产品品牌飘柔,在大多数洗发产品仅用于洗净头发时,定位于"使秀发飘逸柔顺",从而获得了巨大的成功,但当越来越多的竞争对手也推出了具有柔顺功能的洗发产品,"飘逸柔顺"的吸引力渐渐消退时,飘柔明智地进行了品牌二次定位,提出了"飘柔使我更自信"的口号,赋予品牌新的魅力。同时,"自信"这一情感定位使品牌具有鲜活的个性,其他竞争对手再模仿,只会被消费者认为东施效颦。

2）升级换代频繁的产品

某些产品,如芯片、软件和汽车,升级换代的速度非常快,运用情感诉求可以更持久地保持与顾客的关系。因为认知性诉求和产品特性变化迅速,而情感却可以长久不衰。这样就能减少营销成本,保持品牌个性的稳定性,对于品牌延伸也可以起到好的作用。如"Intel,奔腾的芯",运用"心"和"芯"的谐音为其增添了情感成分,构造了一个非常成功的定位。因此,奔腾各代产品的升级换代更加强化了 Intel 的品牌形象。

3）技术含量高的产品

对基于高科技的产品和服务来说,普通消费者的购买决策很谨慎,并且,消费者往往对于过于详细的产品信息(尤其是含有很多专业技术术语的信息)没有多少耐心和兴趣。因此,购买一辆"最新科技的汽车"或"购买这辆汽车是您的明智之举"的信息远远比大量的、印刷精美的有关发动机和传动机的信息简单得多。因此,鼓励和引导消费者在情感层面做出购买决策,将降低其对认知性信息的需要,避免消费者迷失在复杂的有关产品特性的诉求中,使其轻松做出决策。

4）产品质量不容易判断的产品

对某些产品和服务,消费者在使用之前或使用过程中就可以判断出其质量,从而为下次购买确定评价标准。但是,还有一些产品,消费者即使在使用后也很难判断出质量的优劣,如医疗和咨询服务等。对于这些质量不容易判断的产品和服务,情感定位可以帮助企业树立消费者的信任感,并降低消费者购买决策过程中的风险感。

5）服务

服务产品的特殊性使消费者对服务质量的评价大部分来自内心深处的情感体验,所以使用情感为服务定位更容易吸引顾客。另外,服务的情感诉求可以将许多不容易或者不能表达清楚的理性诉求融合在一起。

2.适合于情感定位的产品周期阶段

通常情况下,在产品生命周期的初期阶段(介绍期和成长期),品牌应该以产品属性上独特的卖点吸引消费者试用,使其熟悉本品牌产品的特性和质量水平。但是品牌独特的功能价值很快会被竞争对手所理解、模仿并超越,所以企业应该在品牌的功能性优势使顾客产生了信任后,立即寻求建立顾客对某种特别的情感价值的欣赏和追求。也就是在产品生命周期的后期(成熟期和衰退期),企业要及时调整品牌定位,在原来的产品属性定位的基础上赋予品牌情感,培养品牌的个性,从而延长产品的生命周期。同时,个性鲜明的品牌将脱离其所代表的产品的生命周期的限制,获得持久的生命力。

3.适合于情感定位的消费群

随着经济发展水平的提高,消费者追求个性化的趋势越来越强,尤其是女性、年轻人和高收入的消费群体,他们对新潮、时尚、科技等个性化的追求越来越强烈,喜欢与众不同的感觉,喜欢表现自我,有较强的品牌意识。以这些消费群体为目标顾客的品牌应该注重情感定位,这样才能与目标顾客群的价值观发生共鸣,形成相对稳固的品牌偏好和忠诚度。

四、情感定位原则的设计内容

试图使用情感为品牌定位的企业,首先要充分了解目标顾客可能期望品牌传达什么价值观和情感。在提炼情感价值的时候不能闭门造车,可以通过组织深度访谈、座谈会等方式有效地激发消费者畅谈态度、信仰、性格、理想、价值观、对产品和品牌的看法、对竞争对手的评价等。在分析归纳整理这些信息的基础上,洞察消费者的内心世界,了解他们的渴望、审美偏好、价值观和未被满足的需求,提炼出品牌可能的情感取向。然后进行筛选,留下适合由本企业的产品类别来传达的情感价值。在提炼、整理、归纳品牌情感价值的时候要注意以下几个准则。

1.感染力

品牌的情感价值应该具有强大的感染力,震撼消费者的内心深处,从而拉近品牌与目标顾客之间的距离。

这样就能花费较少的广告费用,使消费者快速认同本企业的品牌。

2.排他性

品牌的情感价值应该具有高度的差异化,与竞争品牌形成差别。缺乏个性的情感价值不能为消费者带来增值利益,更不能引发消费者内心世界的共鸣。

3.统一性

品牌的情感价值应该与企业文化一脉相承,这样才能保证企业自始至终地支持这个品牌价值。而受到企业文化约束的员工在行为中就能够自然而然地体现品牌的价值,从而赢得消费者的认可和信任。

设计作为社会生活的组织形式,塑造着人们的生活方式和生活环境。今天,我们常常提到设计思考。世界经济的新局面、文明的冲突,以及环境资源问题都是我们要思考的问题。随着科技的进步,人们开始把更多的注意力转移到人类自身,提出了"以人为中心"的口号。生活中的情感化设计实现的就是一种人们在世界各个角落都能接受的深入而细致的合理性。

生活中的情感化设计往往能够反映人类共同感受到的价值观或精神,这样的设计是设计师对生活的用心观察和体会,其设计作品能够给用户留有呼吸的空间,如此才能感受到作品中纷至沓来的创意感觉。这是对生活的一种体察,一种和谐的领悟。情感化的设计是人们对生活的一种思考和与生活产生互动的一种感受,情感元素使人们在认识这些设计物时引发思考,在差异中发觉设计的意义。

生活信息的层出不穷开拓了我们的思路,也启发着我们的设计思维。然而也有各种不协调的信息:漫步街头,会发现有一些街边雕塑不够生动;一些乱七八糟的广告牌与周围的景致不协调,污染着人们的视觉;有时看到路边霓虹灯的泛滥使用,让人产生虚浮之感;更多的时候看到一些房地产广告,充满了夸张的概念炒作。如果设计不能给人们带来乐趣与快乐、兴奋与喜悦、自豪与反叛等多样性的情感,那我们的设计从某种意义上讲就是毫无意义的。

情感化设计将设计赋予了人们自身的情感,使设计更真切,更贴近人本身。有时我们自己就可以做设计师,给我们的心铺开一个天地,而不必拘泥于内容与形式、时间与场所。每一幅作品就是一朵浪花,寄托着梦想,激荡着创造的力量。这里有价值的实现与体现,有心灵的潜修与滋养。人类的造物文化必定带有实用功能和装饰价值,具有精神与物质共荣的效能,这是人类的要求与心声。设计师只要满怀一颗热爱生活与设计的心,就能真正设计出充满人文关怀,既符合人体机能又与环境相得益彰,并且能够传达人类一切情感的优秀作品。

第七章

审美心理

第一节　审美心理流派

第二节　审美反应

第三节　审美反应的测量

审美心理学研究的中心内容是审美经验。对于这种审美经验,亚里士多德在其《伦理学》中认为,审美经验大致有六个特征:①一种在观看和倾听中获得的极其愉快的经验,这种愉快如此强烈,以至于使人忘却一切忧虑,专注于眼前的对象;②这种经验可以使意志中断,不起作用;③这种经验有不同强度,即使强度再高也不会使人感到厌烦;④这种愉快的经验是人类所独有的,并且主要来源于听觉和视觉的和谐;⑤虽然这种经验源自感官,但又不能只归因于感官的敏锐;⑥这种愉快直接来自于对对象的感觉本身,而不是来自它引起的联想。亚里士多德对审美经验的描述,对当代关于审美本质的心理学研究仍然有重大影响。不过,这是比较偏重于哲学意义的提法和论述,如果从心理学的意义上讲,审美心理学研究的主要内容是审美反应。

现代审美心理学或美学心理学是一个多学科交叉的领域,是一门科学性研究和经验性研究的学科。大体说来,它有三个方面的课题:①从个体发展性、动机性、情感性和认知性的角度研究艺术的创造性,即研究艺术的创作过程和艺术家的心理,包括从个性心理特征、认知、情感、文化甚至变态心理的角度研究艺术家的心理特征;②从内容、形式、功能研究艺术美学,即研究作品和设计的美学心理特征;③从个体喜好和判断研究受众对艺术的反应,即研究大众的审美心理和审美倾向。审美心理学运用心理学的科学方法,试图解释和理解人类为什么要创作艺术,以及经验艺术的心理需要和心理过程是什么。

第一节　审美心理流派

19世纪以来,美学逐渐演变成一种经验科学和描述科学,人们开始从心理学的角度研究艺术创作和艺术欣赏。不过,许多学者认为,审美心理学要研究的是一种高级的精神现象。人的心理是一个既具有深刻的生物性,又具有广泛的社会性的集合体。动机、情绪和认知的研究为我们了解人为什么需要创造艺术和经验艺术提供了心理基础。因此,审美作为一种高级的精神现象,是人的心理活动的一部分。审美心理学主张从人的行为和意识的角度研究审美现象,这与审美哲学研究并不矛盾,它们应该是一脉相承的。审美心理流派是对美学产生了较大影响并在心理学中占有很高理论地位的心理学理论流派。这些心理学派各自从不同的角度展开了审美心理研究,提出了审美心理的不同理论或理论假设。其中影响较大的几个流派主要是以弗洛伊德为代表的精神分析学、格式塔心理学(又称完形心理学)和以马斯洛为代表的人本主义心理学等。这些流派在西方心理学研究中都具有重要的影响意义。

一、精神分析学(心理分析学)

精神分析学又称心理分析学,它是现代西方心理学主要学派之一。它以无意识心理过程和动机为其理论系统的出发点和核心,以弗洛伊德的精神分析学为主要理论体系。精神分析学派诞生于1900年,其奠基者是生活于19世纪末至20世纪初的奥地利精神病学家、心理学家弗洛伊德。弗洛伊德并不是一个美学家,但是他所创立的心理学对西方美学界产生了深刻的影响,使精神分析学在20世纪20年代广为流传,颇具影响力。精神分析学堪称20世纪最重要的心理学流派,不但对当代心理学研究领域具有重大影响,而且对当代西方人文科学和其他学科也产生了广泛而深刻的影响。一般认为,弗洛伊德的《梦的解析》一书奠定了精神分析学的基础。在西方,这一著作被认为是他最伟大的著作,并有学者将它与达尔文的《物种起源》、哥白尼的《天体运行论》并称为人类近代三大巨著,认为哥白尼的《天体运行论》揭示了宇宙的奥秘,达尔文的《物种起源》揭示了生物的奥秘,而弗洛伊德的《梦的解析》则揭示了人自身的奥秘。

弗洛伊德的精神分析学是采用一种独特的精神分析方法来研究人的无意识的理论和科学,其主要内容包括无意识论、关于梦的理论、关于文化的理论等。在此基础上产生的精神分析美学流派,其最基本的美学主张就是强调人的无意识与本能冲动在人类艺术创作与审美活动中作为深层动因的决定作用。无意识论是弗洛伊德精神分析学的核心,也是弗洛伊德在心理学上最大的贡献,这一贡献为心理学研究开拓了新的空间,揭示了人的意识深处潜藏的无意识,打开了对人类自身研究的新思路。同时,这一发现不仅为世界各国的文学、戏剧、电影、绘画等各种艺术门类提供了创作的主题和题材,而且为西方现代主义的许多流派,如超现实主义、意识流文学等的产生提供了理论基础,对文艺创作心理研究和审美欣赏心理研究也产生了巨大影响。

弗洛伊德是一位精神病学医生,他在长期的临床实践中发现,病人精神失常的原因往往是由于某种冲动得不到满足或某种愿望得不到实现,从而受到压抑,精神上形成创伤造成的。这种创伤逐渐沉积到意识深处,形成无意识而潜伏着,一旦受到激发就爆发出来导致精神病。据此他建立了一整套关于无意识的心理理论,并逐渐形成精神分析学的完整体系。这一庞大的体系后来经过他的弟子和传人们的发展,又产生出许多新的分支流派,其影响延续至今。弗洛伊德的精神分析学虽然是对心理学领域的研究,但它对世界范围内的哲学、美学、人类学、社会学、语言学、文学艺术都产生了巨大影响。

弗洛伊德的无意识理论在他生活的前期和后期略有区别。前期,他把人的精神活动分为两大部分:意识和无意识。意识是清醒的,却是无力的、不重要的,它只是心灵的外壳;无意识是盲目的,却是广阔和有力的,它对人类活动起决定作用,是心灵的核心,是决定人类行为的内在动力。无意识又分为潜意识和前意识两部分。潜意识包括人的原始冲动和各种本能。前意识则是介于意识和潜意识之间的一种心理状态,它是一种可以被回想起来、被召唤到清楚意识中的无意识。如果把人的整个心理比作一座岛屿的话,意识就是露出水面的部分,无意识则是沉入水底的基础和主体。后期的弗洛伊德提出了关于人的心理分为三个层次的学说。第一层叫"本我"(又被译为"伊德"),相当于前期提出的"无意识"。它处于心灵的最底层,它是盲目的、混乱的、无理性的。它不知道什么是好的、什么是恶的,也不知道什么是道德,只知道按享乐原则活动。第二层叫"自我",是一种能根据周围环境的实际条件来调解自己行为的意识。它按照现实原则活动,因为在本我支配下,人的欲望不可能得到全部满足,人不得不根据实际情况来修正自己的欲望,决定自己的行动。第三层叫"超我",也就是良心,是社会伦理道德观念的内化。它压制本能的冲动,不顾现实的利益得失,按至善原则活动。这三者相互矛盾、斗争,特别是本我和超我经常处于不可调和的状态之中。在这三个层次中,本我是基础,是强有力的人类行为的内驱力。

弗洛伊德精神分析学美学,正是在他的无意识论、梦论、关于文化的理论等基础上产生的,对于艺术的本质、艺术的动力、艺术的价值、艺术的创作等一系列问题给予了心理学的解释,开拓了一种新的研究方法。尤其是通过对于无意识的研究,采用一种深层心理的分析研究方法,对于审美心理与创作心理进行了前所未有的深入探讨,产生了广泛而深远的影响。从这个意义上讲,精神分析方法具有不容忽视的重要意义。

弗洛伊德运用精神分析学来解释文艺创作心理,他认为艺术创作的动力和源泉是一种本能的冲动。弗洛伊德说:"我们认为这些本能的冲动,对人类心灵最高文化的、艺术的和社会的成就作出了最大的贡献。"在弗洛伊德看来,文艺创作的最大动力,正是来自人们心中受到压抑的、未被满足的欲望。作家、艺术家在现实中得不到满足的欲望,在文艺创作中得到了缓解与释放。同样,读者和观众等欣赏者也是在审美中使得被压抑的欲望得到了满足。

弗洛伊德认为,艺术活动作为人的欲望的升华与转移,从根本上说是在无意识领域中被压抑的本能获得了释放。弗洛伊德认为,艺术家与白日梦患者、精神病患者有某些相似之处,因为他们都是一些幻想过于丰富、过于强烈的人。艺术实质上与白日梦一样,同样是人们的精神避难所,可以使被压抑的无意识欲望在想象的王国中获得一种假想的满足,使自己在现实世界中未能得到满足的欲望在这里得到了替代性的满足。这就是审美欣赏和审美经验的本质所在。

所谓替代性满足是相对于真实性满足而言的。真实性满足是指人的欲望得到现实的满足,如饿了有饭吃、渴了有水喝等;而审美欣赏中的满足是不能直接实现的,而是通过想象使人们在现实中受到限制的欲望得到满足和解脱。艺术家创作的原动力是"不能得到满足的欲望",艺术家在创作中让无意识的强烈本能在幻想中得到宣泄,再以艺术的形式表现出来,这便是艺术作品。艺术家在创作中是按照深层欲望的标准来挑选内容的,他从复杂的大千世界中只选取那些满足自己欲望的东西。不管艺术家怎样加以掩盖和改头换面,仍然万变不离其宗。

弗洛伊德认为,追求美并非艺术的直接目的,美仅仅是一种武器,是一种逃避现实的手段。艺术作品之所以具有魅力,就因为其他人和艺术家一样,也是在某种程度上遭受着同样的挫折,他们尽管也可以在梦幻中去寻求解脱的办法,但因他们不是艺术家,他们幻想的作品未免枯燥乏味,无法从中得到精神上的慰藉。正是从这个意义上说,艺术不仅是一种精神补偿的手段,而且被公认是一种社会性的治疗手段和一般观众摆脱苦闷的出路。

对于无意识,瑞士心理学家荣格认为,无意识有上下两层,上层是个人的无意识,即被压抑的本能欲望,下层是种族的或集体的无意识。集体无意识包括本能和原型,原型是指原始的思想方式,如相信巫术。这种集体无意识是每个个体发展其个人意识和无意识的共同基础。新弗洛伊德派主张改变精神分析的方向,这是由生物学的观点转到社会学的观点。它认为应该从人类的社会环境中寻找人类的动机的根源,而不是把这些动机追溯到人自身的本能。

心理分析学试图解释人的意识的深层结构,荣格也曾提出过人的意识的深层结构其实就是一种审美结构。艺术的升华作用并不是堕落,只是人的心理结构并不是其生物性所能完全涵盖得了的。弗洛伊德看到了一些现象认为,由盲目的本能和冲动所组成的无意识支配了人的意识,决定人的行为。虽然这使我们认识到原始欲望对行为的支配力量,对艺术想象的巨大影响,但是它不是艺术创作的唯一推动力。据说美国的一项对艺术家和理论家的调查中,绝大多数人都认为弗洛伊德的理论对其影响最大。如图 7-1 所示,阿尔法汽车的造型一旦与性感时装联系起来,就会产生强烈的视觉冲击力和心理想象力。可见,在设计艺术中性感因素是具有潜意识作用的。不过,性感因素的设计是处于升华和堕落的边缘,是设计师必须慎重处理的心理因素,否则,不仅不能提升设计的品位,反而会适得其反。

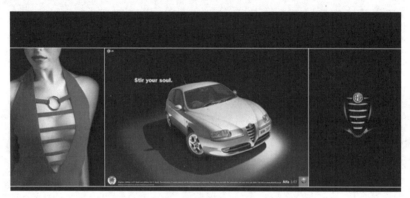

图 7-1　心理分析学对汽车和时装的联系

从审美心理研究来看,弗洛伊德精神分析学的主要贡献首先在于它开拓了一种心理学文艺学的研究方法,从创作主体、鉴赏主体的心理结构和心理需要来进行研究,拓宽了文艺研究的空间。其次,弗洛伊德对无意识的发现和研究,为审美心理的深层研究提供了某些值得借鉴的方法和手段。但是,弗洛伊德精神分析学的弊病也十分明显:弗洛伊德只讲人的生物性,不讲人的社会性;只讲人的无意识,不讲人的意识;只讲人的生物本能,不讲人的社会存在,特别是将人的性本能作为最根本的动力和源泉,更是十分片面的。弗洛伊德学说中的这些片面性弊端,甚至遭到了他的弟子和女儿的批评。他的弟子荣格提出的原型理论,就主张用一种集体无意识去取代弗洛伊德的个体无意识。荣格认为,人类自远古到现在已有了上百万年历史,人的大脑在历史中不断进化,漫长的社会与种族经验在人的大脑结构中留下了生理的痕迹,形成了各种无意识的原型。这些原型代代相传,成为每个人与生俱来的集体无意识。这似乎是对审美心理既有个体性又有普遍性、既有个性又有共性的一种心理学解释,对美学研究,特别是审美心理的研究产生了很大的影响。

二、格式塔心理学

格式塔心理学,又称完形心理学。它创始于 1912 年的德国,是心理学派中一个著名的学派。其代表人物有德国心理学家惠特曼、考夫卡、柯勒等,其中以原籍德国后移居美国的美学家、心理学家鲁道夫·阿恩海姆(1904—1994)最为著名。他们共同的特点是既从事心理学的研究,同时又运用格式塔心理学的研究方法来研究审美心理中的一系列重要问题,并且取得了引人注目的成果。尤其是阿恩海姆在 20 世纪 30 年代从事关于电影艺术与造型艺术的审美心理理论研究后又转向审美中的知觉研究，更是具有广泛的影响意义。格式塔心理学是内容较为复杂、立论较为严谨的心理学流派，并在当今美学界仍然具有广泛的影响力。

"格式塔"是德文"Gestalt"一词的音译，其意思是"完形"，"完形"即整体的意思。这种整体性不是客观事物本身原有的，而是由知觉活动组成的经验中的整体，是知觉进行积极组织或构建的结果。格式塔心理学的代表图形如图7-2所示。格式塔心理学吸收了20世纪科学发展的最新成就，把现代物理学中的相对论、系统论，以及关于"场"的概念引入了心理学研究之中。它强调经验和行为的整体性，反对当时流行的构造主义元素学说和行为主义"刺激-反应"公式，认为整体不等于部分之和，意识不等于感觉元素的集合，行为不等于反射弧的循环。

图7-2　格式塔心理学的代表图形

早在1890年，美国机能主义心理学代表人物威廉·詹姆斯出版的《心理学原理》中就有完形主义的观点。詹姆斯认为，意识是一条不断流的河，它是连续不断、不可分割的。意识状态一去不复返，不可能同一意识重现两回。外界刺激也许相同，但是上次的意识与这次的意识一定不一样。也可以说，是个人意识对经验加以选择以便构成一个自己的独立世界，因此也就没有人人共同的客观世界，所以，也没有不变的心理成分。意识流后来成为艺术追逐的一个概念和形式。

格式塔心理学中的完形具有以下三大特点。一是整体性，完形的整体性是指其具有现代科学系统论意义上的整体性。完形的整体性不是各个部分的简单相加，而是整体大于部分之和。比如我们在欣赏一幅艺术作品时，所欣赏到的绝不是简单的色彩、构图等元素的简单相加，而是对艺术作品整体的感受和理解，作品传达某种意义或情感，是一个完整的整体，整体意义远远大于部分意义之和。二是独立性，即每一个完形一经形成，就具有不为外界因素所变更的相对独立性。如人们欣赏过一首乐曲之后，无论再换用什么乐器演奏这首乐曲，都不会破坏、改变乐曲给人的整体心理感受。三是主客体的统一性，即完形不是完全指客体本身的形式，而是在人的知觉经验中形成的完形。也就是说，完形是在人感知客体的基础上在大脑中形成的，是在知觉中呈现的。所以，对完形的研究主要是对知觉的研究。

完形的特征主要表现在两个方面。一方面，完形是一种力的样式。格式塔心理学派提出了大脑力场说，在场中，全局影响着各个局部，并且一部分改变则其余所有部分也随之改变。格式塔心理学认为力有两种：一种是外在世界的物理的力，另一种是内在世界的心理的力。这两种力都是"同形同构"或"异质同构"的。这就是说，虽然质料不同，但力的结构样式是相同的，在大脑中所激起的电脉冲是相同的。因此，表面上极不相同的质料，因为力的样式相同，在艺术家眼里就有了相同的情感表现。在这种情况下，艺术家可以把有意识的人与无意识的事物合并为一类。虽然有意识的人和无意识的事物在常人看来是截然不同的，但在艺术家的眼里有相同的表现。艺术和审美的心理本质是一种同形同构或异质同构，就是当艺术形式、知觉（主要是视知觉）、情绪之间达到同形，就会激起审美经验。所谓物我同一，所谓主客观协调，以及外在对象与内在情感合拍一致，都是这种同形同构或异质同构的结果。有了同形同构或异质同构，才能产生心理体验和审美快感。

另一方面，完形自发地追求着一种平衡。格式塔心理学派认为，平衡是人的一种自发的心理需要。人的身体处于静态的平衡对称中，而世界也是处于平衡状态中的，与此同时，宇宙万物都在运动中保持平衡状态。因此，人在心理上也自发地追求平衡。而美的事物，则体现了一种力的平衡、一种运动状态的平衡。

视知觉的完形有两大原则。第一个原则是简化。格式塔心理学派认为，能够给人最愉快感觉的完形，是那些采取了最大限度的简化形式的完形。简化的实质是以尽量少的结构特征，把最复杂的材料组织成有秩序的整体，而整体的简化是由表现力的需要决定的。如剪影艺术、绘画中的素描都要求最大限度地简化形式，简化到突出形象的最主要特征，保留的特征则是为了表现"力的样式"。

视知觉完形的另一个原则是张力。张力就是力处于最有表现性时的一种样式。张力体现在运动状态中，是力量发挥到淋漓尽致的一刹那的状态，最具有表现性和运动性。简化的核心是动态平衡，动态平衡的基础在于张力，因此简化本身就是一种张力的样式。格式塔心理学认为，艺术建立在知觉的基础上，而知觉又是对于

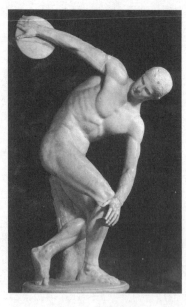

图7-3 《掷铁饼者》

力的式样和结构的感知。艺术作品中的张力主要由位置、色彩、形状、运动、题材等各种因素引起，但是，产生张力的根本原因却在于人的视知觉。造型艺术本来是静态的，但人们从这些静态的艺术作品里却能感受到运动。阿恩海姆认为，这种不动之动是艺术极其重要的性质，使得静态的造型艺术能够表现运动。艺术中这种不动之动的关键，就在于它包含着张力。这种张力在事物运动变化即将到达高潮或顶点之前的那一瞬间，表现得特别明显。例如古希腊雕塑《掷铁饼者》，如图7-3所示，艺术家选取了铁饼即将掷出的一瞬间来表现：竞技者弯腰扭身，全身的重量落在右脚上，握铁饼的右手也向后猛伸，全身肌肉蕴藏着巨大的爆发力。欣赏者在面对这一雕塑作品时，除了对运动员健美身材的男性美、人体解剖的精确美等领略之外，还能够充分感受到这一运动的轨迹。作者将铁饼掷出前最紧张、最有力的瞬间表现出来，这就是雕像所体现出来的张力。在阿恩海姆看来，任何一个艺术作品都存在这种张力，存在着各种力的相互作用与相互抵消，从而使艺术品生动起来。阿恩海姆甚至认为："艺术家的目的就是让观赏者体验到'力'的作用所具有的表现性质。"

格式塔学派对于审美心理的研究，集中表现在它采用同形同构理论来解释审美经验的形成。格式塔学派认为，在外部事物和艺术作品，与人的知觉（主要是视知觉）、组织功能（主要在大脑皮层）及内在感情之间，存在着根本的统一，它们都是力的作用模式。而一旦这几个领域的力的作用模式达到结构上的一致时，即同形同构，就有可能激起审美经验。既然世间万物都可以归结为力的图式，那么，对它们的观看就不仅仅是看到形状、色彩、空间或运动。一个有审美能力的人，会透过这些表面的东西，感受到其中活生生的力的作用。格式塔心理学认为，完形的目的是表现。表现就是人们通过知觉的方式获得某种经验，这种表现得以实现，是因为人与客观事物具有同形同构关系。外在世界的力与人的内在的力具有同形同构性，同形同构引起的共鸣产生人的美感。格式塔心理学美学从一个全新的角度揭示了艺术表现的奥秘。正如阿恩海姆所说："在观赏者的头脑中活跃起来，并使观赏者处于一种激动的参与状态，而这种参与状态，才是真正的艺术经验。"

阿恩海姆还指出，"造成表现性的基础是一种力的结构"。正是由于外在世界的力的结构与人的生理、心理的力的结构具有同一性，使得艺术品的表现性内容集中存在于它的视觉式样的力的结构之中，加之外在世界的物理力与内心世界的心理力同形同构，从而使表现性成为艺术的一个基本特征。阿恩海姆强调指出："那诉诸人的知觉的表现性，想要完成自己的使命，就不能仅仅是我们自己感情的共鸣。我们必须意识到，那推动我们自己感情活动起来的力，与那些作用于整个宇宙的普遍性的力，实际上是同一种力。"阿恩海姆力的结构说从一个全新的角度诠释了艺术表现的奥秘，而在过去的理论中，往往只是把知觉事物的表现性归因于联想或移情。在阿恩海姆看来，表现性的基础就是力的结构，表现性是知觉样式固有的特征，人能够从中领会或感受到表现性，在于力的结构对物质世界和精神世界均有普遍意义，而简化与张力就是以宇宙万物的动态平衡为基础的两种完形模式，也可以说是视知觉的两种组织方式。虽然完形派的一些心理学家在他们的术语中用到了诸如数学、拓扑学和向量分析的名词，但实际上只涉及这些学科的初步概念，应该说只是一种借用。在心理学中提出独特的场论的代表人物是德裔美国心理学家勒温（Kurt Lewin），他认为，人是一个场，人又在一个场内产生行为。每个事物都有"价"，能满足眼前需要的是正价，可能损害它的是负价。正价有吸引力，负价则产生抗拒力。吸引力朝着这个事物，抗拒力则背向这个事物，所以这些力是向量，向量会产生某方向的动力。阿恩海姆在《艺术与视知觉》中的第一章便讨论了"在一个正方形中隐藏的结构"，如图7-4所示，图中的黑点看起来具有一种不稳定性，似乎要向正方形的中心运动，它显示出相对正方形的内在张力。这一张力具有一定的方向和强度，我们可以称其为"心理力"。阿恩海姆说："我们发现，造成表现性的基础是一种力的结构，这种结构之所以会引起我们的兴趣，不仅在于它对那个拥有这种结构的客观事物本身具有意义，而且在于它对于一般的物理世界和精神世界具有同样的意义。"如上升和下降、统治和服从、软弱和坚强、和谐和混乱、前进与后退等，其实都是力的结构。我们必须认识到,那推动我们自己的情感活动的力,与那些作用于整个宇宙的普遍的力,实际上是同一种力。世界上所有的事物归根到底可以归结为力的图式,那么对它们的观看就不仅是看到形状、色彩、空间和运动,一个有审美知觉能力的人,能透过这些外在的东西,感受到其中那活生生的力的作用。正是在这种同形作用下,人们才在外部事物和艺术品中,直接感受到某种活力、生命、运动和动态平衡等性质。这些性质不是联想作用,也不是来自想象和推理,而是一种直接的感受。可见,完形派把许多知觉活动的组织模式,如力的模式,当做主体(即心)的固有作用,而不认为是联想或过去经验的影响,这也就是同形的核心思想,似乎万事万物中都存在着普遍的秩序。

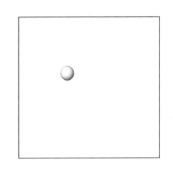

图 7-4　在一个正方形中隐藏的结构

　　在现代设计中,这种力也发挥得淋漓尽致。例如,雪铁龙 C4 Picasso 的侧窗下缘刻意采用曲折的线条并与引擎罩的边缘及尾灯轮廓连成为一个完整的不规则轮廓,如图 7-5 所示,这一笔的用意绝不是用奇怪的线条哗众取宠,而是运用了上述视觉原理来颠覆人们传统的看待汽车造型的感知惯性。首先,这样一个闭合的整体性轮廓切断了 A 柱与前翼子板的直接联系,削弱了它的鲜明形象和力度感,使得前风挡能够从背景的位置解脱,进而与侧窗形成呼应。其次,这条界限更进一步把相对独立的侧窗、尾灯、前后风挡整合为一个轮廓不规则、横跨几个立面的整体,同时,侧窗、引擎盖、尾灯的轮廓刻意采用形态含糊、曲折的线条。这样,原先前后层次分明的要素被重组:原先是绝对主体的侧窗、尾灯、A 柱都被拉进背景,而原先只是起到分割作用的轮廓线则变得抢眼而成为前景。因此,原先层次鲜明的要素关系变得朦胧起来,主体不那么鲜明了,背景不那么单调了,变成前景的轮廓线又由于自身较弱的形象感而与背景保持暧昧的关系,暧昧得产生出一种呼之欲出却又欲拒还迎的张力。

图 7-5　雪铁龙 C4 Picasso

　　格式塔心理学美学从一个全新的角度揭示了艺术表现的奥秘,此外,它也论证了自然美与艺术美都同样具有撼动人心的力量的原因,归根结底是在于自然事物中与艺术作品中具有力的结构。格式塔心理学作为现代心理学的主要流派之一,它的几位代表人物都对审美心理进行过专门的研究,尤其是其中的阿恩海姆对电影艺术与造型艺术的研究,在世界电影史与世界艺术史上都占有重要地位。格式塔心理学派将一系列心理学研究成果用于审美心理的研究,特别是对于视知觉的研究,对于形的整体性与力的表现性的研究,以及对于审美心理结构与审美对象力的结构之间关系的研究,都取得了一系列引人注目的成就,从而使得格式塔心理学美学在西方现代美学中,成为一个富有特色、独树一帜的重要流派。但是,格式塔心理学也有严重的片面性。首先,它缺乏科学的心理学依据,如过分强调知觉的作用,而忽视了其他心理因素的作用;其次,它忽视了社会实践在艺术创作和欣赏中具有的决定性作用,只从生理和心理方面解释事物和情感的力的关系,从而忽视了人与动物的区别,忽视了社会和历史对人的心理结构起着决定性的影响;最后,尤其关键的是它借助物理学中力的结构来解释审美心理现象,尚带有猜测的性质,是否真正具有科学性,还有待进一步研究。这些缺陷都使其美学体系中存在着无法克服的内在矛盾,因而具有片面性。

三、人本主义心理学

人本主义心理学是 20 世纪五六十年代在美国兴起的一种心理学流派,它在西方学术界有时也被称为现象学心理学。近年来,人本主义心理学在欧美发达国家取得了迅速的发展,产生了很大的影响。人本主义心理学特别关注人类的审美心理与审美需要,因而在欧美发达国家形成了人本主义心理学美学流派。这个美学流派并没有完备、严密的体系,但是,由于它采用人本主义心理学研究方法及其关于人的需要和价值的全新理论,因此对当代西方美学产生了重大影响,成为当代西方美学研究中的一股新势力。人本主义心理学的影响,除了心理学和美学之外,还涉及哲学、人类学、管理学、社会学、伦理学、教育学等多个领域。

人本主义心理学的创始人和主要代表人物,是著名心理学家、曾任美国心理学会主席的马斯洛(1908—1970)。马斯洛先后提出了著名的需要层次理论、人的潜能和价值论、自我实现论、高峰体验论等重要理论,奠定了人本主义心理学的理论基础,被称为"人本主义心理学精神之父"。此外,著名心理学家罗杰斯和著名哲学家弗罗姆等人,也对人本主义心理学和人本主义心理学美学作出了较大贡献。

马斯洛的人的基本需要学说包含着这样的思想:人类有一个终极价值,一个全人类可以努力争取的远大目标。人本主义认为,真、善、美、正义及欢乐都是人类的内在本性,设计艺术是人类的这一本性的物化和外化。显然,人本主义包含了人的善和健康的一面。对于一些社会心理学家而言,每个新生儿都代表着一个威胁,因为他们只携带着生存和本能的欲望。但是,对于人本主义者来说,人性的本质是向上和健康的,都有一个美的最终需求和目标,人就是一个健康的存在。人本主义反对弗洛伊德从人的病态中窥探人的精神深处,也反对行为主义混淆人和动物的行为,主张采用内省方法和历史方法来努力追寻人类杰出的榜样,把他们作为自我实现的代表。因此,人本主义重视人生经验中的积极方面,认为人有实现自己潜在天赋的内在动力。他们认为,层层向上递进的人的需要,表明了只要获得基本的满足,人就会产生更高更健康的需要,直至自我实现。马斯洛说:"这就是目的地,这就是我们奋斗的终点,这就是我们所早已期待的成就,……产生这种体验的人,如同步入天堂,实现奇迹,达到尽善尽美。"这就是马斯洛所设想的高峰体验。

人本主义的审美心理本质也就是高峰体验,虽然高峰体验并不只限于艺术和审美领域。马斯洛认为,这些美好的瞬间体验来自爱情及与异性的结合,来自审美感受,来自创造冲动、创造激情和伟大的灵感,来自意义重大的领悟和发现,来自女性的自然分娩和对孩子的慈爱,来自于与大自然的交融,来自体育运动。在马斯洛的需要类型中,爱美的需要是最高层次的需要,但是马斯洛把这种需要说成是一种超越性的需要,是人自身潜在的可能实现的存在状态。因此,与满足生理性需要不同,美的需要并不能以满足的形式实现。高峰体验的审美是无限的、超越的,进入高峰状态的人不但觉得自己变得更好、更坚实、更完善,而且在其看来,世界看上去也更美好、更完善、更真实。所以,人本主义心理学强调应关心人的价值和尊严,研究健康的人格。说到底,一切始于人、归结于人。

马斯洛把人的需要和人的动机结合起来考虑,并且将此作为他的理论体系的基础。马斯洛认为,人的基本需要是多种多样的、分层次的。概括起来讲,人的基本需要由低到高、由下而上形成一个金字塔形状的结构。只有当低级需要得到满足之后,人才会出现高级需要;物质需要得到满足之后,才会出现精神需要。基本需要是人类行为的根本动机和动力。最基本的需要得到满足之后,才会产生新的需要,这些新的、更高级的需要就会成为新的动力。

需要层次理论是人本主义心理学的主要贡献之一。它纠正了传统心理学理论只讲人的生理需要和本能需要,忽视人的精神需要和社会需要的倾向;指出了人的需要的层次区别,低级需要的满足使人获得生理快感,高级需要的满足使人得到巨大的精神快感。

马斯洛人本主义心理学对于审美心理的研究,至少可以从以下几个方面给我们以启示。

第一,人本主义心理学强调审美活动在人的自我实现过程中的意义和作用,把审美活动看做人的需要层次中的高级阶段,看做人的自我实现的重要一环,看做能使人获得巨大精神享受的高峰体验。审美实质上就是对自我本质和价值的表观。人的潜能的发挥离不开审美活动,因此,我们每个人都有必要充分发挥自己的审美和艺术才能,不断完善自我和实现自我价值。

第二,人本主义心理学认为,人的精神需要是在物质需要得到基本满足之后的更高层次的需要。在当今消费社会与商品社会时代,强调人的价值,强调精神的魅力,强调人的高级需要和精神需要,强调审美与艺术在人的自我实现过程中的意义和作用是十分必要的。

第三,人本主义心理学在西方近现代为数众多的心理学流派中,第一个明确地提出了"以人为本"的宗旨,强调人的尊严、重视人的价值、发挥人的潜能、创造完美的人格,具有重要的启迪意义。我们的文学艺术必须真正树立为大众服务的思想,研究读者、观众、听众的审美需要和接受心理,真正做到尊重观众、以人为本。

第四,文学艺术应当以人文理想和人文关怀作为最高价值,而决不能以商业利益为终极目标。这就需要作家、艺术家具有文化品位和美学追求,并且进行艺术创新。

对于设计艺术而言,人本主义心理学不仅仅是一个审美的问题,而是在更大意义上的设计伦理问题。从所谓神本主义到物本主义,再到人本主义、科学主义,设计理论界一直就在讨论设计的伦理理念。人本主义心理学强调设计以人为本、产品以人为本、企业以人为本,它的影响远远超出了心理学的范畴,被当做一个伦理思想和哲学思想而广泛用于不同的领域。当然,人本主义心理学虽然十分关注审美活动与审美心理,但它毕竟属于心理学流派,它对审美活动与审美心理的研究,也是局限于从心理学的角度来进行的;而且,人本主义心理学本身不是一个体系严谨的学派,而是一个相同观点学者的松散联盟;尤其是人本主义心理学的一些重要论点还缺乏科学的论证或实验室证据,有待进一步研究和完善,有待进一步提高论证的科学性;此外,马斯洛过分强调人的天生潜能,过分强调个人价值而忽视社会价值等,使得他的学说存在着某些矛盾和缺陷。这些都值得我们注意并加以分析。人本主义心理学过分依赖现象学也限制了它的范围和科学价值,不重视童年经验和遗传因素对人格的决定作用也使人本主义心理学多少带有一些理想主义的色彩。

四、行为主义心理学与审美

行为主义心理学更强调从最基本的事实依据和最直接的体验入手研究审美问题。行为主义似乎没有像心理分析和完形主义理论那样提出一整套审美心理的本质性解释和有关审美的一些大概念,却从具体的、可观察的现象和事实入手,发展了许多审美心理学研究方法和测量技术,从对审美心理本质的研究变成了对审美行为和审美活动的研究,甚至是变成了对艺术品和设计的喜好的研究。

行为主义心理学的一个重要思想来源是,人与动物的心理之间存在连续性,这是达尔文理论的一种思想延续。达尔文为了主张他的进化论,曾出版了《人的宗系》和《人和动物的表情》两本书,表达了动物和人的心理有连续性的思想。冯特后来主张在根据动物的行为推断其心理时必须考虑节约律,即如果一个动作可以从较低的心理水平获得解释,就不可以认为它是由一个较高的心理水平产生的结果。这个观点虽然后来受到了许多批评,但是,节约律对我们的启发是,人和动物的行为有可能在不同的心理水平上获得解释,审美活动并不只是在高尚的艺术和精神的深处才有的,一切艺术的形式对于不同的观看者实际上有不同的心理接受水平。因此,行为主义的审美也许存在更多的生物性或动物性的因素。在人类看来,雌性鸟寻找最美丽、最强壮的雄鸟是为了其携带的能够提高后代生存和繁衍能力的基因,但是对于雌性鸟,这种"审美"活动只是生物性的活动,它们只是这样做了,当然没有必要在更高的心理水平上解释其审美的思想性。那么,反过来说,人的审美是不是都具有思想性和意识性呢?

行为主义心理学的首倡者是美国心理学家华生,他主张心理学属于自然科学,认为心理学的目的在于预见并控制人的行为。因此,要知道什么刺激引起什么反应,其基本公式是"刺激-反应",即 $B = f(S)$,其中 B 代表行为;S 代表刺激。后来,目的行为主义者托尔曼认为,完整的行为是只有目的性的,因此提出公式 $B = f(S, A)$,其中 S 代表情境的变量;A 代表其他原因的变量,如遗传、经验等。新行为主义学习理论创始人,美国心理学家斯金纳在他的博士论文中提出,应把刺激与反应间的联系叫做"反射",反射不限于非学习的反应。他坚持认为心理学应发展成一种刺激反应心理学。在行为主义学者中,一部分人认为在刺激与反应之间存在中介变量,如表示认识的中介变量决定行动的知识与智慧,表示需求的变量决定行动的动机。另一部分学者则认为根本就没有中介变量,刺激与反应之间没有生理的连续性。从行为主义心理学的这些主张可以看出,行为主义心理学只关心客观事实而排斥意识的研究。因此,行为主义心理学审美的研究也是基于刺激和反应的模式的。以一个关于冰箱审美模式的研究为例,将冰箱的造型元素,如色彩、门、把手等,按所谓"正交"实验方法,做若干冰箱造型方案,让被试按喜好度打分,然后计算出影响大众冰箱审美(喜好)的要素。获得的结论之一是:影响冰箱审美最大的因素是色彩(表面质感),但是大众对冰箱色彩的变化又趋于保守。因此,在设计中采用了大面积的暖色调,而主要面则采用了大众易接受的浅色调。这是一个典型的采用行为主义心理学审美理论的设计研究,实验中所获得的结论只涉及刺激(冰箱造型元素)和反应(喜好度)的关系,而且这个结论可以直接用于冰箱设计,以控制大众的喜好。这就是行为主义心理学审美心理研究所要求的和希望的,你不需要更多的思想和意识的考虑,至少在这个特定的设计研究中是这样的。

20世纪60年代,英国行为主义心理学家贝利尼认为,传统的美学哲学体系并不能发展出基于体验性的审美理论,并提出了一个基于觉醒理论的行为主义审美理论假说。贝利尼并无贬低哲学研究之意,他只是要大家更注意科学方法带来的可能性。觉醒-审美理论主张用生理心理学方法来建立审美的心理学模型,如图7-6所示。图中表示的基本含义是,审美体验与觉醒的上升和下降方式有关,迅速上升并紧接着下降的曲线为美感体验,而上升后需较长时间才下降的曲线为丑感体验。如果考虑刺激的特性,便可转化为"诱唤-和谐"模型。设计作品和艺术作品中,诱唤的刺激特性是指作品中包含了强烈的变异,如新奇、复杂、意外、未知的东西。诱唤刺激有两个心理特性:一是引起注意;二是提高觉醒水平。刺激通过所谓网状激

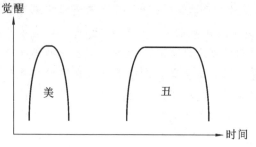

图7-6　觉醒-审美理论

活系统,唤醒大脑皮质,使人处于兴奋和活跃的状态。和谐的刺激特性是指作品中包含了熟悉、简洁、预料、已知的东西。和谐刺激的两个心理特性为:一是消除恐慌或产生共鸣(一些德国心理学家主张以接受代替感觉,以共鸣代替记忆);二是降低觉醒水平。和谐刺激通过网状系统中的抑制系统降低大脑皮质的激活水平。如果以前面冰箱设计为例,红色是新奇的,与冰箱的制冷功能是不和谐的,因此是在心理上起诱唤作用的,而浅色是起和谐作用的。所以,中意冰箱在当年曾经产生过轰动效应,与其大胆的色彩处理所造成的心理因素是分不开的。后来,贝利尼又对其觉醒-审美理论做了一定程度的修正。他认为,觉醒度的温和上升,其本身便是愉快的审美体验,因此觉醒本身存在一种心理奖赏机制。不过,这些观点并没有得到实际的验证。

其实,行为主义心理学审美研究包含了大量的研究成果,如意象尺度图、色彩流行趋势、广告心理效应等,涉及多种实验方法和数理统计方法,是审美研究中成果最丰富、最具有实用价值的。其遵循科学原理的思想和方法,采用大量先进的技术手段,如眼动仪、生理仪、计算机等,使得研究成果具有可对比性、可重复性。行为主义审美唯一缺乏的是华美的理论词汇和深刻的理论思辨。然而值得注意的是,行为主义审美不仅可以产生理论,而且可以成为设计程序中一个有机的组成部分,成为设计研究的主流。

第二节　审美反应

审美反应是指人对外在刺激和内在记忆的一种复杂的心理反应,这种反应包含了情绪因素、认知因素、兴趣因素和其他因素,也包含着人对这些因素的意识体验和反射。

一、情绪因素

情绪是个体受到某种刺激后所产生的一种激动状态。这种状态虽为个体自我意识所得经验,但不为其控制,对个体行为具有干扰或促动作用,并导致个体生理与行为的变化。情绪由刺激引起,又随刺激的变化而变化。因此,情绪是体验,又是反应;是冲动,又是行为。个体的内部和外部刺激中,社会性或心理性刺激对个体情绪影响最大。

情绪因素还有一个非常特殊的现象,即心理学中的情绪客体化现象。情绪客体化现象是心理学研究中的科学事实早已表明的、一种存在于人的心理反应过程当中的特殊现象。

艺术的情感究竟是源于认知还是刺激,焦点就是情绪启动中是情感占首位还是认知占首位。一派观点认为,刺激的最初加工是进行情感或感性加工,之后才是更复杂的认知解释,即人们对事物的反应首先是情感的,而后才是认知的或理性的。与此相反,另一派的观点是,所谓情感过程实际上就是认知过程,只不过情感加工过程是自动进行的,意识不到罢了。在讨论痛觉时,我们就知道人的情绪力量远比理性力量强大而深刻。人的许多理性判断其实都是基于情绪的,甚至一个伟大的科学家尽其毕生的精力研究出一个理论公式,他所看到的也是一种美,也可以获得一种超出理性的情感体验。基于情绪和体验的人的行为模型就是艺术的心理模型。由此,我们似乎可以看出,无论科学技术如何发展,无论人的理性如何有力量,人不能没有艺术,也不能不体验艺术,因为人的情感需要安慰、需要发泄、需要丰富多彩。科学技术也许是人类进步的需要,而艺术则是人性的需要。

在审美反应中,情绪并不都是正面的或者说愉快的。亚里士多德早就注意到这个问题,他认为戏剧的作用就是让人们在安全和社会允许的情景下体验悲伤、愤怒和恐惧等负面的情绪。心理学家认为这种负面的情绪可以通过发泄和释放给人带来愉悦的体验,也有可能是欣赏表演技艺所获得的体验带来了愉悦。审美反应还有一个特点是,审美反应的情绪通常不如现实生活中的情绪强烈,在电影中看到的谋杀与身陷其中是不能同日而语的。情绪强度的适度和弱化对于审美而言具有重要的意义。这也是艺术活动中需要操控的心理因素,情绪的自然流露和节奏意味着艺术品的心理质量。

时间是审美反应的另一个重要特性,不同的艺术类型所唤起的情绪的持续时间是不同的。例如,欣赏绘画和欣赏戏剧所带来的审美体验具有不同的时间效应。绘画审美情绪的时间效应是短暂和即时的,那种凝聚的美需要更深刻和更集中的关注力;戏剧和文学作品所产生的情绪比绘画要延续更长和更深远,也包含更加复杂的认知因素。设计作品的审美需要更长时间的交流和体会,形式的美、功能的美、操作的美所带来的是许多心理感受的交融,包含了我们过去使用同类器具的复杂体验。

二、认知因素

从设计艺术的层面看,艺术也是讲故事,讲故事就是艺术的语言信息,就是审美反应中的认知因素。以信息加工观点研究认知过程是现代认知心理学的主流,可以说认知心理学相当于信息加工心理学。它将人看做是一个信息加工的系统,认为认知就是信息加工,包括感觉输入的变换、简约、加工、存储和使用的全过程。按照这一观点,认知可以分解为一系列阶段,每个阶段是一个对输入信息进行某些特定操作的单元,而反应则是这一系列阶段和操作的产物。信息加工系统的各个组成部分之间都以某种方式相互联系着。

审美反应中的认知因素由许多方面组成,首先是语义信息的编码和解码。在具象艺术作品和设计作品中尤其携带了关于对象的信息,如语义信息,了解和理解这些信息对于欣赏艺术和体验相应的情绪至关重要,对审美反应起到了非常关键的作用。例如法国画家爱德华·马奈的作品《处决皇帝马克西米利安》,就是作者为了抗议法国政府抛弃了拥有墨西哥皇位的马克西米利安而画。如图7-7所示。如果对这段历史一无所知,就谈不上欣赏这幅画,或者说不能正确地"解码",因为作者用一幅画把他的全部愤怒和故事都进行了"编码"。可见在审美反应中,认知因素决定了对艺术品的理解深度,决定了艺术品的功能意义的发挥。其次,认知因素是符号信息的编码和解码,符号信息的象征意义和与其相应的情绪能力是符号具有的独特审美信息。例如,在西方绘画中,羊羔是纯情和牺牲的符号,猫头鹰是智慧的符号,公牛是力量和威胁的符号;而在东方绘画中,龙凤可以呈祥,鱼象征年年有余,松、竹、梅、兰象征品质高洁。又如通常的色彩设计中,蓝调子表达清纯,红调子表达暴力。再如汽车品牌符号中,法拉利表达运动和浪漫,宝马表达身份和智慧。

认知因素是一切设计艺术,尤其是视觉设计的功能核心,因为设计的本质意义就是交流,设计是交流的艺术。

图 7-7 《处决皇帝马克西米利安》

三、兴趣因素

兴趣因素是个相对模糊的心理概念，审美反应中的兴趣因素是指由好奇驱动力引发的行为。在现代艺术中，有许多艺术作品是完全基于感性的，所提供的认知因素和信息编码极为有限，并且表达情绪的方式和符号也极为抽象，基本不用具象的符号形式。因此这些作品包含了大量未知的东西，或者说不确定性，例如抽象派、立体派等。这里的好奇与生理上的需要无关，而是取决于外部刺激的新奇性。

对未知的外部刺激，无法用认知因素和情绪因素做心理上的解释。有一种看法是，正是这些未知性唤起了人的好奇动机，观者的审美反应是在好奇动机驱动下的一种发现，从未知中发现艺术对象的认知因素和情绪因素，发现陌生和熟悉的联系，形成一些新的记忆和感受。因此，兴趣因素具有更加复杂的结构，允许更多的个体参与。兴趣因素的一个重要特点就是审美反应更具有主动性，即解码者同时也是编码者。人的好奇获得满足也是一种愉悦。

任何一件艺术品，每当知觉者产生审美反应时便会唤起一种期望模式。例如，当一辆汽车从你眼前一晃而过时，你也许就已经断定了这是一款你喜欢的造型，"哈，那就是我喜欢的车"，然而实际上，你还没有来得及细细观看它的每个局部。心理学认为，我们都有关于事物的期望模式，审美反应是基于这个模式的，只是我们并不一定意识到了。这个审美模式与人以往的审美经验有关，而且与那些基于以往审美经验又产生了许多变幻和新奇感觉有关。见过的和没见过的东西在一刹那间被联系了起来，新的选择被确定了下来，于是获得了审美反应。在好奇中发现新的东西，在旧的记忆中产生新的联系，也许是人的最原始的审美反应。对这种期望模式的研究称为大众审美心理模式研究。

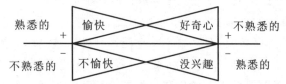

图 7-8 毕亚勒的熟悉与喜欢和不喜欢的关系模型

毕亚勒提出了熟悉和不熟悉、喜欢和不喜欢的关系模型，如图 7-8 所示。这个模型说明熟悉的东西能带来愉快感受，但不能满足人们的好奇心，因此同时也是没兴趣的东西；不熟悉的东西满足了人们的好奇心，却由于不熟悉而带来了一种不安和不愉快的感受。

为什么现代艺术所表达的未知性和人们的好奇心理如此强烈？为什么现代艺术把欣赏者变成了探寻者？其中一个重要的原因就是，科学对150亿年的宇宙进行的无尽探索所带来的是更强烈的好奇心，科学的发展使我们认识到，人类探索得越多就发现人类已知得越少。从牛顿的经典力学，到爱因斯坦的空间和时间的相对论，再到宇宙大爆炸理论，科学的知识并没有降低人类的好奇心，反而使人们更加好奇。科学家们在同一段时间内连续发射几颗宇宙探测器去拜访火星，实际上可以说是因为好奇。因此，艺术也不能停留在仅仅表现情绪和认知审美反应上，艺术更多地反映了人类的好奇心，反映了探索未知性和可能性的种种尝试，也许艺术的探索和发现才是现代艺术心理的本质。

第三节　审美反应的测量

什么是艺术？从心理学的角度来说，任何引起审美反应的东西都可以称为艺术。不过我们会发现，事实上这样定义也存在许多需要研究的问题。我们不怀疑任何艺术都可能引起审美反应，但是不同的人反应可能不同，甚至完全没有审美反应。另外，面对晚霞、日出、青山、流水等，我们对自然的东西也会产生丰富的审美反应，而它们并不是艺术。因此，艺术的定义涉及许多方面的内容，包括物的特点、行为的特点、创作的意图、文化等。一个普通的可口可乐罐，对于普通人来说也许只是一个罐子，而对于设计师和另一些人也许就是艺术，关于它的设计可以在经典的设计理论书籍中找到。有人认为，只要是艺术家的作品就是艺术，审美反应并不重要，然而同样困难的问题是，什么样的人可以称为艺术家？那将是个更复杂的问题。可见，艺术包含的内容和引起的心理反应是非常多维的，一个完全统一的关于艺术的定义是不存在的。因此，审美反应的测量并不是用来判断艺术的艺术价值，而仅仅是用来测量我们所讨论的审美心理反应。

一、审美量表和审美描述

审美量表和审美描述都是基于语言的一种描述和测量，是对审美反应的直接测量，也是审美反应测量中使用最广泛的测量技术。审美量表是建立在语义差异方法基础上的，通常采用形容词来代表一个心理连续量，如漂亮-丑陋、活泼-严肃、雅-俗等，这些形容词在语义上是成对的反义词，由此构成 7 点或 5 点量表。被试根据对刺激物的感受打分，从而获得一组测量数据。再通过数理统计方法处理数据，找到数据所表现出的种种数据结构。由于数理统计方法的发展和使用计算机程序，如 matlab 软件，数据处理变得非常方便，学习设计艺术的人一般都能学会，因此它成为审美反应测量中运用最广的研究方法之一。而审美描述还发展出其他方法，如必选法、等级排列法等，包括采用复杂的任意联想方法。

量表的方法是测量感觉量的，而且是让被试用语言表达的感觉量，是一个将感觉量化的过程。感觉能够量化吗？怀疑这种方法或怀疑用科学手段来研究艺术的人当然会提出种种疑问，关于这个问题的哲学讨论已经超出了本书研究的范围，这里探讨在心理学中采用的方法，即通过复杂的实验设计和数理统计方法来尽可能地接近人的感觉，但是这只能是接近而不是完全意义上的一致。测量是心理学研究中的一个主要环节，是进行各种心理学分析的基础。心理测量的可靠性和准确度，即测量的效度和测量的信度，是两个十分重要的问题。测量的效度是指心理测量的有效性，即测量到的是不是所要测量的心理特征。如果一项喜好度测量测得的是购买力，那么这种测量就完全没有效度。测量的信度是指反映被测特征真实程度的指标，就是说测量结果反映出个体在心理特征方面的真实个体差异，有人称为测量的准确性或一致性。例如，用量表测量某人群对冰箱色彩的喜好倾向，如果多次测量之间的结果非常一致，就说明信度很高。效度和信度在心理学中有许多方法进行评价，是可以获得必要的科学支持的指标。因此在心理学中，感觉是可以量化的，不过这种量化是在一定的效度和信度水平上的量化。

二、行为捕获

行为捕获是基于行为与行为之间的联系的审美反应测量技术。例如，你正在看电视，有人问："你在看什么？"你肯定是回答在看什么节目，而不是回答正在看电视机的显示屏或电视机的结构部件。可见，我们回答问题是根据某种上下文关系的，或者说是根据某种环境关系的。行为捕获是间接地对审美反应的测量，贝利尼特别主张用行为捕获的方法来研究审美反应。例如，研究者可以让被试观看一系列的造型方案，而且让被试对每一个方案喜欢看多久就看多久，那么被试观看每个方案的时间就是一种可以比较和计算的审美反应的行为捕获测量。再如，研究者可以先给被试一定数目的钱，然后由被试决定将这部分钱分给每幅绘画作品，那么各幅作品所得到的钱的比例就是一个审美反应的行为捕获测量。

三、动作行为

动作行为是指肌肉运动所产生的行为。人的身体运动、眼球运动等可以直接观察和测量的行为是审美反应研究中的另一种非直接测量。身体的动作可以当做人的一种情绪表情。例如,当人观察一幅绘画时,他的身体或头部也许会向某一方向倾斜,这表明绘画构图的某种不平衡状态或是构图中某种力的模式。人们在展览馆中观看绘画作品时,移动的速度、停留的时间,都是审美反应的动作行为测量。又如,在超市货架前,人的移动和停留方式也是一种测量。更复杂的动作行为测量是借助"眼动仪"等仪器测量的。眼动仪可以测量和记录眼睛的扫描轨迹、视觉中心的停留位置和停留时间等。扫描轨迹可以说明人的观看过程和认知模式。视觉中心的停留位置和较长的停留时间则表明画面的信息点,这些信息点上的信息通常比较丰富。例如,用眼动仪测量表明,英文字母在转折点上的信息最丰富,因此,在转折点上的设计变形是最有效的。

四、生理心理测量

生理心理测量是基于情绪的生理表征的,是典型的在行为主义审美理论基础上发展出来的测量技术。生理心理学是一门新兴的心理学理论,其主要思想是通过生理来表征心理,采用先进的生理仪器获得前所未有的生理测量,并将这些测量与心理过程密切地联系起来。生理心理学在情绪的生理反应的研究基础上,提出了觉醒理论,建立了觉醒的生理机制和测量指标,如肤电反应时的脉搏、心率、血压、呼吸、脑电图、皮质激素、肾上腺素等。贝尼利提出了一个基于觉醒理论的行为主义审美理论假说,由此产生了一整套用于测量审美反应的生理心理测量。所谓感性心理学,就采用了大量的生理心理测量方法,是一种心理、生理、生物电测量技术一体化的研究。

总之,对审美反应的测量是一个理论性和技术性很强的工作,我们所讨论的测量方法并没有包括所有的测量方法,而且现代社会不断有新的方法和思想涌现出来。作为设计艺术的研究者,实践和学习这些方法对真正了解设计心理学有着不可替代的作用。只有深入研究人的审美反应,才能最终建立起设计和艺术的心理学完整体系。

第八章

社会文化心理现象

第一节　文化心理

第二节　社会动力机制

第三节　群体效应与设计

克莱夫·迪尔诺特在《超越:"超越"和"反科学"的设计哲理》一书中指出,设计是一种社会-文化活动。人不仅是"自然存在物",更重要的是,人是社会的人、文化的人。社会文化心理实际上由三个层面的相互关联的概念组成,即社会、文化、心理。

第一节　文化心理

文化首先是地域性和群体性的,文化心理研究有三个基本的问题:地域文化心理特征、比较文化心理特征、文化心理与设计艺术。

一、文化心理现象

文化是多样的,文化是无处不在的。人们共有的观念和习俗构成了文化。文化心理是在一种文化环境下人的集体意识和行为。如果按照荣格的无意识理论,就是一种种族的或集体的无意识,或者下层无意识。

文化心理有一些社会性特征。

第一,文化不是一种个体的特征,而是群体的特征。虽然在这个群体中存在个体行为上的种种差异,但是群体的某些共同特征表现为文化。

第二,文化具有相对的独立性和稳定性。文化形态产生于一个社会、经济、自然环境的结构中,并受到这个结构的制约。一旦文化形态形成,便具有相对的独立性和稳定性。文化的稳定性表现为地域性、地区性、民族性与排他性。文化具有非常强大的抗变形性,即文化的变化非常缓慢。

第三,文化是发展的。文化通过自身的扬弃、批判、继承、融合而缓慢地发展、变化。文化的变异是一个复杂的过程,加拿大著名传播学家马歇尔·麦克卢汉通过对日本文化变异的研究,提出了所谓"文化蜕变"概念,就是说文化的外部形态,如流行文化,也许会发生较大的变异,但是文化的内核却可以保持不变。当少数民族文化或弱势文化受到大规模社会变革的压力时,这些依赖于自身独特性而存在的文化,将以正在形成中的文化吸收、整合、异化或敌视等方式做出反应。

因此,人类社会生活的许多特征是由文化影响造成的。文化使人群总体的行为带有一致性和群体意识,有人将文化对人的影响比作程序编制,就是说文化是人群总体的集体意识的一个程序,人们的行为过程不过是执行程序的一种自动性或无意识的活动。

中华文化原来也是一种地域性的文化或地域性的知识。以儒学来说,儒学发祥于两千年前的中国山东半岛,原是地域性色彩浓厚的一种地域性知识,但是儒学绵延发展了两千年,已经成为东亚文化的共同核心。有学者因此提出了儒学是否具有普世性而超越地域性的价值这个问题。

文化除了社会性特征以外,还具有技术、性别等特征,如计算机文化、网络文化、设计文化、男性文化、女性文化等,这些文化是基于某种特定的群体性而定义的,分别表示特定的行为模式所构成的人群总体。对于这些文化形态的研究有相同的一面,也有不同的一面。

文化是一个大概念,设计心理学对文化的理解必须着眼于特定的范围内,以便考察设计与文化的关系。设计文化具有一些基本特征。

第一,地域特征。如美国设计的大气、日本设计的精巧、德国设计的严谨、意大利设计的浪漫、丹麦设计的自然等,不同的文化底蕴造就了不同的设计风格,不同的生活方式孕育了不同的解决方案。附图49所示为中国民族化设计,附图50所示为日本包装设计。这些设计文化形态同样产生于一个社会、经济、技术、自然的结构中,并受到这个结构的制约。

第二,企业和产品特征。如宝马的精明、奔驰的身份、法拉利的热情、悍马的狂野、甲壳虫的可爱等,一个产品的设计文化形态的形成需要独特的设计思维和产品历史的积淀。

第三,多样性。不同的人文地理环境孕育了人类不同的生活和生存方式,也孕育了不同的设计文化。因此,设计文化具有多样性。

第四，共通性。尽管文化和地理环境不同，人类祖先都对自然界中的一些基本样式和形态似乎情有独钟，多喜好用螺旋状、波浪状和简洁的动物形态来装饰和刻画他们的工具、武器，以及壶、钵、盘、盆等器具。Stella P. Russell 在《世界美术》(Art in the World)一书中认为，这些自然、流畅、原始的样式反映出人类心灵感受上的某种共通性。我们可以这样认为，现代人对艺术设计的感受在许多方面与人类的祖先并没有根本意义上的不同。因此，人类对设计艺术的感受又是跨时间、跨文化的，这就是共通性，共通性使得人类不同族群之间在相互竞争的同时又相互交流和学习。共通性和多样性是设计文化的一体两面。从这个意义上，我们才能真正理解"民族的也就是世界的"。

二、文化心理的跨文化研究

麦克卢汉的弟子、加拿大多伦多传播学派第三代代表人物德克霍夫发现，即使在"无设计"的或完全自然产生的设计中，也会反映出文化渊源和文化差异。例如，研究多种文化对美国和加拿大城市建筑的影响就可以发现，中式建筑窗户的水平线与垂直线之比约为 4∶5，而西方的则是 3∶4。英国心理学家艾森克认为跨文化研究中不可能不带有偏见，对比自己的文化与别的文化的相同点和不同点时，不可避免地受到文化上的限制，因为"在文化传统之外没有一个固定的立足点"，而这正是跨文化研究的难点和魅力所在。

美国心理学和人类学家鲁特兹出版了她的经典著作《非天生的情绪》，她的研究对象是太平洋上的一个小岛伊法鲁克。小岛上只居住了大约 430 人，鲁特兹的研究课题是伊法鲁克人的情绪生活。她发现文化差异首先表现在对自我概念的认知理解上。在西方，自我就是"我自己"，"我自己"是一个自主的人，一个决策者，一个思想和行为的源泉，一个情绪经验的聚集点。西方文化中的"自我"与"他们自己"有明确的区分，社会推崇独立性和个性化。相对而言，对伊法鲁克人来说，"自我"更准确的描述是"我们自己"，他们更强调与其他家庭成员和社会群体之间的联系，而不是独立性和个性。例如有一天，当几位年轻的伊法鲁克妇女来到鲁特兹的小屋时，鲁特兹问："你们想和我一起喝点什么?"这个简单的问题使伊法鲁克妇女很失望、难过，因为，这种问法意味着鲁特兹与她们之间有隔阂。另一个典型的例子是伊法鲁克人关于"ker"的观念，鲁特兹把它翻译成"快乐兴奋"。在西方社会中，许多社会行为的目的就是为了快乐和兴奋，而在伊法鲁克岛，如果有人表现出"ker"，那是指高兴得忘乎所以、炫耀，甚至不轨的行为。鲁特兹的书之所以迷人，是因为描述了她犯的许多社会错误，而这些错误正好表现出文化的差异。同时也说明她的跨文化心理研究对认知和情绪方面的差异尤为重视，而且注重事例和语言表达上的差异所具有的事实性和客观性，如对"自我"、"快乐"、"男子"等词汇的描述，而不仅仅是引用哲学思想性的理论描述。这与我们经常看到的引用"仁"、"义"、"礼"一类的中国传统哲学思想来对比基督教或西方哲学思想的研究，是截然不同的方法。

第二节　社会动力机制

一、人的社会从属

人的社会化的过程是一个复杂行为的学习过程和自我走向的过程。人的信息传递的方式从基本上是反射性的信息传递逐渐演变为基本上是有目的性的信息传递。设计就是有目的性的信息传递。我们所说的发展、认知、情感无一不涉及社会化的心理过程。美国社会心理学家巴克(Kurt W. Back)认为，每个新生儿都威胁着社会秩序，他的生物潜在能力非常广泛和不确定，因此任何一个社会都不会不加引导而任其"自由泛滥"，他的冲动和能力最终将被引导到一个可以控制的行为、动机、信念和态度的模式里。

人类是一种群居性的动物，人的一生几乎是在与他人的交往和互动中度过的。人的社会从属(social affiliation)倾向表明人的社会心理的一种需要和行为。有一种观点认为，人的社会从属是人的一种本能。也许在人的基因中就存在着控制社会从属的密码，比如儿童需要长时间从属于父母才能生存;但是反过来说，社会从属有可能并不是本能，而恰恰是由于儿童需要较长时间的从属于父母，才学会了社会从属。社会从属也可能是为了满足人在交往中才能满足的需要,如成就、权力、赞许等。心理学研究发现,人的社会从属行为与恐惧心理有着特别密切的联系。恐惧心理越强烈,从属性越多。未知的情境越复杂,人就越需要通过比较他人的反应来肯定自己的感觉和体验,以便了解自己的感觉是否恰当,这时人就表现出更多的社会从属性,更多地与他人交往。也就是说,社会从属降低了人的恐惧感和未知感。可见,社会比较(social comparison)对于社会中的每个个体相当于一个心理参考和定向系统,这是一个重要的心理学原理。社会比较使我们了解自己,适应社会。

二、社会知觉

社会知觉是心理术语,专指具有社会意义的那种知觉。而社会意义是离不开人的,所以社会知觉也称人知觉、对人知觉、人际知觉,包括个体自我的知觉、对群体成员和群体本身的知觉。另外,社会知觉也称社会认知。

所有的设计艺术都试图控制人们对事物的印象,无论是产品形象、企业形象还是政府形象。社会知觉就是指人们形成印象的过程。社会知觉研究表明,一个人即使在获得很少信息的情境下,也会形成具有相当一致性的印象。虽然普通人并不完全坚信这样形成的印象,但是人们总是倾向于立刻判断出别人的各种个体特性,如教育程度、年龄、背景、民族、可信度、热情与否等。另外,人们也许会在一两次与企业的交往中就留下非常固定的印象。不过对于人和物,我们形成的印象有一点不同。关于人的印象通常是一个整体的印象,不是"好人"便是"坏人"。即使有一些不同或者相反的信息,人也总是将某一个人知觉成某一种人,表现出所谓社会知觉的一致性。而对于物的印象似乎要客观一些:一个人可能喜欢房间里的沙发,但不喜欢房间里的灯具;喜欢某部汽车前脸的造型,而不喜欢车尾的造型。

什么是影响印象的心理因素呢?我们的语言词汇中有大量的形容词是用来形容印象的,通过实验和数理统计方法,在这些形容词语中找到最具代表性的词性维度(dimensions),这就是所谓语义差异法研究。美国心理学家奥斯古德等于1957年创造性地提出了语义差异法,其方法是让被试用一对形容词(如热情-冷淡等)为一些对象打分,然后通过数理统计计算,获得能够整体表示对人的印象的以下三种基本印象因子。

(1) 评价(evaluation)因子,例如:好-坏。

(2) 潜能(potency)因子,例如:强-弱。

(3) 活动(activity)因子,例如:主动-被动。

所有关于人的印象实际上都可归于这三种判断的维度,其他用来形容人的印象的形容词对,如勇敢-懦弱、礼貌-粗鲁等都属于这三个印象因子。在这三个印象因子中,评价因子是"权重"最高的,对人的印象具有最大的解释性。与我们想象的不一样,我们对别人情绪的判断其实并不准确。例如,让被试根据一些面部表情的材料来判断表情所表达的情绪,被试通常只能判断出正面和负面的情绪倾向,却不能说明表情的具体意义。当然,人是根据多种因素来判断另一个人的情绪的,这对人的社会互动和交往具有非常重要的意义,因为情感是互动中最基础和最关键的因素。例如,蒙娜丽莎的微笑之所以神秘,就是因为我们无法判断她的面部表情要告诉我们什么。快乐还是痛苦?郁闷还是窃喜?

人是根据一定的信息来判断别人并形成印象的,社会知觉研究中有两种不同的观点来解释人如何加工这些信息来获得社会知觉。一种观点认为,人采用近似于逻辑相加或平均的策略来加工所有获得的信息,相当于一个逐步了解别人的过程。另一种观点是完形论的观点,认为社会认知能形成一个"有意义"的印象,一个可以解释所有已知信息的印象。有研究表明,其实每一个人都有一套组织和加工社会信息的独特方式,以形成自己的社会知觉。

第三节　群体效应与设计

群体效应是指个体形成群体之后,通过群体对个体的约束和指导,群体中个体之间的作用,会使群体中的一群人在心理和行为上发生一系列的变化。

对于一个工作群体,既可能产生"1＋1＝3"的工作成果,也可能产生"1＋1＝1"的工作成果。群体的工作成果如何,与群体成员的工作行为有直接的关系。与此同时,群体对成员的行为也会产生制约、影响和改变的作用。群体对成员的影响和改变作用概括起来有以下五种效应:社会助长效应、社会致弱效应、社会惰化效应、社会趋同效应、从众效应。

一、社会助长效应

社会助长效应是指群体对成员有促进、提高效率的效应。群体活动中成员的行为是在一定的群体氛围中进行的,个体一旦意识到这种行为涉及群体的评价、监督和鼓励等因素,在竞争意识和成就需要的激发下,就会调动自身的热情度、积极性和聪明才智,尽力完成任务,希望得到群体的肯定、赞扬和尊重。

二、社会致弱效应

群体对个体的行为能带来积极效应的同时,也会带来消极效应,也就是社会致弱效应。社会致弱效应是指群体成员受到群体压力的影响而妨碍自身能力的发挥,降低工作效率。一般来说,当竞争氛围强烈、压力太大、工作难度过高时,社会致弱效应就会较为明显。例如,有些运动员在小型比赛中能取得好的成绩,而参加国际性的大型比赛就频频失手,失败而归。

群体对成员所起的效应是社会助长效应还是社会致弱效应,主要受个体的心理特征和个体对活动的熟练程度的影响。

(1) 个体的心理特征 社会助长效应容易对自信、开朗、外向、心理成熟的人起作用;而自卑、孤僻、内向的人则容易受到社会致弱效应的影响。

(2) 个体对活动的熟练程度 个体对活动越熟练,在群体的环境中越容易表现得出色,群体对个体越容易产生社会助长效应;如果对活动越生疏,越容易出差错,群体对个体则越容易产生社会致弱效应。

三、社会惰化效应

社会惰化效应是指个体在群体中的工作成果不如单独一个人工作时那么好的一种倾向。正如一首歌所唱的"一个和尚挑水喝,两个和尚抬水喝,三个和尚没水喝",这说明在人多的情况下,成员会出现相互扯皮的现象,也就是我们前面所说的"1+1=1"的现象。在组织中,群体对成员产生这种社会惰化效应的原因主要有以下两种。

(1) 制度体现出不公平 "大锅饭"式的管理最容易对组织成员产生社会惰化效应。成员在这种制度下付出多少都不会使自己的收入比别人多或少,而且又总认为别人是懒惰的、不尽责的,因此就会减少自己的努力,以免别人占太多的便宜,所以就出现"三个和尚没水喝"的后果。

(2) 职责不清 当组织中的分工不明确、职责不清时,最容易出现扯皮现象。因为职责不清会导致群体活动的产出与个体的投入之间关系不明,个体意识到自己的贡献无法衡量,感觉不到成就感,也就会降低个人的努力程度。管理者要避免群体对员工产生这种效应,就必须将工作分配说明的内容明朗化、合理化,并且制订出公平、公正、公开的绩效评估制度。

20 世纪 20 年代末,德国心理学家瑞格尔曼在拉绳实验中验证个人绩效之和与群体绩效的关系是否相当,即 3 个人一起拉绳的拉力是否是 1 个人单独拉绳的 3 倍,8 个人一起拉绳的拉力是否是 1 个人单独拉绳的 8 倍。实验结果表明,3 个人群体的拉力只是 1 个人拉力的 2.5 倍,8 个人群体的拉力还不到 1 个人拉力的 4 倍。

四、社会趋同效应

社会趋同效应也称社会标准化倾向,是指群体成员在群体规范的效应下缩短差距,而趋向于相同的意见、观点和行为的一种倾向。产生这种效应的原因,首先是个体在群体中为了保证自己的利益不受到损害而将注意力转移到群体规范和标准上,以免触犯群体规范的条文而受到惩罚;其次与群体成员之间的相互效应、相互感染、盲目跟从有关;最后是受到群体压力的影响,群体成员之所以要加入某一群体,是因为个体在群体中还要寻求归属感和爱的满足,如果某个成员的行为与其他成员有太大的差别,会受到其他成员的孤立、排斥,这样个体无法体验到归属感和友情。基于这几个原因,群体成员会尽量将个人的行为变得大众化。

五、从众效应

从众效应是指个体在群体的压力下,改变自己的观点,在意见和行为上保持与群体其他成员一致的现象。一个典型的例子就是美国社会心理学家阿希进行的从众效应实验。阿希把被试者编成多个小群体,要求对实验者手中的两张卡片上的直线的长短进行比较,并将答案大声说出。一张卡片上画有三条长短不一的直线,另一张卡片上画有一条直线,如图 8-1 所示。左边卡片中直线 B 与右边卡片中直线 O 一样长。从图示可以看出,左边的三条直线之间的长度差别十分明显,在一般情况下,人们独立判断失误的概率不会超过 1%。

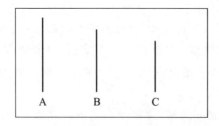 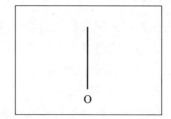

图 8-1 阿希实验所用图示

但是,阿希感兴趣的是如果各小组的大多数成员故意先给出错误的答案,最后会出现什么样的情况呢?阿希在每一组中只安排一个不知内情的被试,其他 6 位都是他的助手,回答的顺序也是事先安排好的,那位不知内情的被试被安排在最后一个回答。实验先进行了两套类似的练习,所有的被试都给出了正确的答案。进入上述这个练习时,前面的 6 个人都给出明显的错误答案——都说图 8-1 中直线 C 的长度与直线 O 一样长。最后轮到那位不知内情的被试回答,他是坚定地相信自己,公开说出与群体中其他成员不同的答案,还是为了与群体中其他成员保持一致,选择一个自己认为是错误的答案呢?经过多次实验,结果有 35% 的被试顺从其他成员的意见,做出错误的判断。

从众效应产生的原因主要有以下几个方面。

(1) 依赖性强的人容易从众;独立性强的人则不太容易从众。

(2) 个体缺乏自信,对自己的判断抱有怀疑,随声附和以求心安。

(3) 受到情境因素的影响。面临的问题可能难度过高,把握不大;或是过于简单,使之大意。

(4) 个体相信自己的判断是正确的,但在群体压力下,怕受到排斥而随大流。

(5) 个体缺乏责任感,见风使舵。

(6) 群体若凝聚力强、权威性高,个体对群体有一定的依赖性,认为群体的意见价值较高。

(7) 在鼓励言论自由和独立的社会环境中,从众效应较为不明显;而在个人自由和自主性得不到尊重的社会环境中,从众效应容易产生。

从众效应会随着环境的不同,对组织管理既可能产生积极的作用,也可能产生消极的作用。一方面,组织管理者可以通过营造一个高凝聚力的氛围,利用从众效应来改变员工的错误观点和行为。例如,在一家纪律严明、向心力强的企业,原来纪律性较差的毕业生进入这样的企业后,由于从众原因,会受到群体的感染而变得积极。另一方面,员工也可能受到从众效应的影响,为了维护共同的利益,而保持与他人的行为或意见一致,因此降低了工效。例如,在计件工资的制度下,员工害怕产量的提高会使管理者改变现行的工资制度,或改变现行的奖励制度,或裁减人员,或使干得慢的员工受到惩罚,所以都维持中等水平的产量,就算自己有能力提高效率,但因群体的压力而从众。

第九章

设计师个体心理特征

第一节　设计师的审美心理

第二节　设计师的情感

第一节　设计师的审美心理

一、设计表现的心理

设计师的想象不是纯艺术的幻想，而是把想象利用科学技术转化为对人有用的实际产品。这就需要把想象先加以视觉化，这种把想象转化为现实的过程，就是运用设计专业的特殊手段和绘画语言，把想象表现在图纸上的过程。所以，设计师必须具备良好的绘画基础和一定的空间立体想象力。设计师拥有精良的表现技术，能在绘图中得心应手，才能充分表现产品的形、色、质，从而引起人们情感上的共鸣。设计师面对抽象的概念和构想时，必须经过具体过程，也就是化抽象概念为具象的塑造，才能把头脑中所想到的形象、色彩、质感和感觉化为真实的事物。例如，有的钟表将本是前景的时间刻度隐藏在表盘中，使得前后景的习惯判读发生错位，从而产生新颖的视觉效果，如附图51所示。又如，有的室内设计将天花板与墙壁立面的空间关系重组，突出二者边界的空间感，将天花拉近到前景的位置，墙壁立面则被推远，这种空间的错位也呈现出别开生面的视觉效果，如附图52所示。

设计的过程是非常微妙的，一个好的构想会瞬间即逝，设计师要善于把握好瞬间的灵感。设计是一项为不特定的对象所采取的行为，可以用语言、文字来描述、传达。但是，作为人类共同的语言，设计师必须具备一项不可缺少的技能——绘图，绘图对于设计师的意义就像音乐家手中的五线谱一样。所以说，设计表现的表达能力是每一位设计师应具备的基本能力。

在设计师思考的领域里，通常采用的是集体思考的方式来解决问题，相互启发，互相提出合理化建议，进行结构上的比较。另外，现代工业设计不同于传统手工艺品的设计，现代工业生产的产品设计者和生产制造者不可能是个体，工业设计经常是一种群体性的工作。因此，产品的造型设计师在构思制作产品之前，就必须向有关方面人员——企业决策者、工程技术人员、营销人员，乃至使用者或消费者，说明该产品的有关情况，制造出最美观且受欢迎的产品。产品在酝酿生产的过程中，生产者对产品的了解程度越高，就越能更好、更顺利地组合产品，使生产更具效率。

二、培养好的设计心理

从普通设计师成长为一流设计师是一个漫长而痛苦的过程。通常一个设计师开始设计时平庸的作品多，优秀的作品少，他也许会有新颖的创意，但表现的功力不够。他通过反复的检讨和对优秀作品的理解来建立自己的知识库，通过不断实践来积累经验。这时他还要养成专业人士的习惯，处处留心观察所有经过设计的事物，它们当中有俗不可耐的、平庸的、优秀的、杰出的或令人振奋的作品。这时他会以审视的目光，以他的标准去评价它们。它们会帮助他把握时代感、流行元素及色彩的发展趋势，以保证他的作品不落后于时代。随着知识库的充实和经验的积累，他的作品质量也会有所提升，优秀的作品越来越多，平庸的作品很少出现。他的功力修炼到了一定程度，这时才真正进入设计阶段。

但这也是个危险的阶段，因为经验只能帮助他顺利地完成工作，随着时间的推移，当他对新鲜的事物变得不敏感，甚至反感的时候，他的设计之路就要走到尽头了。因为他的风格形成了，他不想再尝试，再提升的空间必然很小。在这个信息爆炸的时代，两三年前还是新颖、独特的设计概念，马上就会变得陈旧、平庸。作为一个优秀的设计师，只有始终保持一颗好奇、单纯的心，在他的作品中才会不断出现新意。只有对生活充满了热爱，才能不断激发他的创作热情。这颗单纯的心对一个设计师来说是至关重要的，这段时间保持得越长，他在设计上的成就就越高。

第二节 设计师的情感

一、情感特征

情感是指人对周围和自身及自己行为的态度,它是人对客观事物的一种特殊反应形式,是主体对外界刺激给予肯定或否定的心理反应,也是对客观事物是否符合自己需要的态度和体验。在产品设计中,情感是设计师→产品→大众(消费者)的一种高层次的信息传递过程。在这一过程中,产品扮演了信息载体的角色,它将设计师和大众紧密地联系在一起。设计师的情感表现在产品中是一种编码的过程,大众在面对产品时会产生一些心理上的感受,这是一种解码或者说审美心理感应的过程。同时,设计师从大众的心理感受中获得一定的线索和启发,并在设计中最大限度地满足大众的心理需求。

了解这一过程能够很好地解释人性化的概念。通过情感过程,一旦人对产品建立起某种情感联系,原本没有生命的产品就能够表现出情趣,使人对产品产生一种依恋。

总之,人性化设计的最终目标就是在产品和人之间实现人与物的高度统一。

二、产品是设计师情感的表现

设计师在产品中表现自己的情感,就像艺术家通过作品表达自身情绪一样。从这个角度来说,产品设计的过程可以称为艺术表现的过程。现代艺术哲学认为,艺术家内心有某种感情或情绪,于是通过画布、色彩、书面文字、砖石和灰泥等创造出艺术品,以便把感情或情绪释放或宣泄出来。与之相类似,设计师将自己的情绪通过各种形态、色彩等造型语言表现在产品之上,因此产品不仅是真实呈现物,而且是包含着深刻的思想和情感的载体。这里要强调的是,产品的形式与情感并不是分离的,从经验的层次上来说,只有产品的外观和功能同它们唤起的情感结合在一起时,产品才具有审美价值。

既然产品设计与艺术表现有着千丝万缕的联系,我们自然地可以将艺术表现的原理和方法运用到产品设计中,也就是将情感引入设计中来。其实,艺术与设计一直以来就关系密切,只是在情感结合的程度上有所差异。产品的艺术设计为设计开辟了一个极为广阔和自由的天地,产品的艺术性也随之成为优良设计的重要评价标准之一。当然,也不应为强调设计师的情感表现就忽略了产品的功利属性。其实,艺术属性和功利属性的结合存在于一切艺术领域中,而不仅仅是现代设计。艺术属性应该服从于功利属性,这就要求设计活动在遵循技术原则的基础上还要进一步遵循艺术原则,设计师不能仅仅考虑个人的情感因素,更应考虑消费者的心理因素,这是设计师与艺术家的显著区别。

三、大众审美心理感受过程

我们说产品具有情感,并不意味着情感来自于产品本身。一方面,设计师自身的审美观在产品中得以表现;另一方面,大众在面对和使用产品时会产生对美丑的直接反应及喜爱偏好的感受。审美心理学认为,人们对待事物的情绪和感受是一个审美心理感受的过程。我们把这一过程分为两个层次:内在的心理感应和外在的心理感应。内在的心理感应具有公共性,大部分人可以准确地将具有不同情感意义的产品辨别出来。外在的审美心理感应就比较复杂,它受其他方面的影响,如以下两方面。

1.社会潮流

在现代社会中,我们经常可以看到这样的情形:一种新颖、有创意的设计产品上市,它或许是一款新式发型,或许是一种新型工业产品,也可能是一款时装,当由于种种原因得到大众的认可,人们纷纷愿意拥有它或使用它的时候,潮流就出现了,这种流行趋势将直接影响人们对产品的喜好程度。其影响范围不仅局限在同一类产品中,还有可能涉及各个领域的其他产品。

社会潮流、流行趋势影响人们的审美情趣,但这并不是一成不变的静态过程,而是具有年代更替性的。而且,随着设计不断推陈出新,这种替换性有频率加快的趋势,对于设计师来说,这无疑是一种压力,因为设计工作的职业特点要求设计师永远走在潮流的前端。

新潮、时尚、代表流行趋势的设计具有神奇的功能。例如,1998 年推出的 iMac 电脑使苹果电脑公司走出了面临倒闭的绝境,如今,他们正制造着电脑王国最时尚的产品。

2.文化背景

文化环境影响个人的和社会的价值观,会导致大众不同的审美情趣的产生。这种由文化影响的外在审美心理感应具有社会的相对性,因为大众对审美的交流和理解要基于某种法则,而这种法则又是由社会的人确定的。与此同时,它们又具有客观性,因为它们的意义在特定时期、特定文化传统中是比较固定的。例如,当我们根据生物本能随意把色谱分解成若干种独立的色彩时,其中就不会有多少色彩具有文化的相对性;但是,一旦某一社会群体的人给某种颜色赋予特别的含义,如把白色用于寄托哀思的场合时,其成员就必须遵从这个规定,否则的话将会被这个社会所不容。

其实,在人的审美心理感应过程中,内在的心理感应和外在的心理感应是同时作用的,只是在不同的情况下,二者作用的程度不同而已。上面我们分析了大众对待产品的审美心理感受过程,这是每个设计师都应该关注的问题,因为大众的情感偏好将直接影响他们对产品的接受程度。当产品传达的某种信息激起了大众所喜好的那种感情的时候,他们就会乐意接受这个产品;反之,当产品传达的某一信息触动了大众厌恶的情感时,他们会对产品产生抵触情绪。

四、文化特征

1.个性风格与文化

个性风格和表达方式是设计的灵魂,无论从事什么样的设计与创作,个性风格都是每位设计师追求的核心。然而,有个性的设计应该或只能是体现本民族悠久的文化传统和丰富的民族特色,因为每件设计作品追寻个性特征的酝酿过程往往根植于设计对象和设计师所处的文化时代、地理环境的土壤中。设计只有在一定文化背景的参与和制约下才能展开和完成,它是作为某种文化的一个有机构成部分而存在的,而文化优势具有时代性、民族性和阶段性。因此设计行为和结果总会在不同程度上积淀民族历史的某些成分和因素,其特定的内容、形式都具有鲜明的时代民族特征印记。

2.设计的多元化

世界经济、政治的多元化也要求设计向多元化、个性化发展。美国著名的未来学家约翰·奈斯比特曾在《大趋势——改变我们未来生活的十个新方向》中指出:"随着愈来愈相互依赖的全球经济发展,我认为语言和文化特定的复兴即将来临。简而言之,瑞典人会更瑞典化,中国人会更中国化。"这既是经济市场的要求,也是设计本质所在。从经济市场角度来看,任何设计除了应重视产品基本功能和新技术开发的竞争以外,更应重视对消费者的精神满足。例如日本的 SoftBank 品牌手机,由于日本是全世界竞争最激烈的手机市场,市面上到处都是琳琅满目的手机型号,而 SoftBank 品牌与专门研究色彩的 Pantone 权威机构携手,推出具有 24 种颜色的 812SH 手机(见附图 53),凭借发挥到极致的设计创意,使自己在市场上成功突围。"消费者感到他们也是设计师,可以调出自己心爱的颜色。手机本来只是日常用品,却加入了这种互动元素,这是最吸引人的地方。"因此,设计应在不断满足人们物质生活要求的同时,尽可能为人们提供情感、心理等多方面的享受,重视设计文化的开发挖掘,增加设计中的人性化含量,在更大程度上符合以人为本的要求。

3.设计的民族化

设计对民族文化的追求能推动民族文化传统的传承,也只有将设计真正融入民族文化中,才能使之得到可持续发展。

　　中国有五千年文明历史和深厚的文化积淀,我们祖先创造的华夏文化及其独特的审美价值与审美趣味都是设计中可供开发的灵感源泉。一方面,我们可以从前人和过去的历史中继承传统,并在新的历史条件下和社会环境中加以改造,用新的方式诠释或创造出新的东西。另一方面,中国现代设计还应建立在对外来文化科技引进、吸收的基础上。总之,设计应以传统文化为本,现代观念为用;以中国为根,国际为叶。所以,这就要求我们的设计要在充分认识现代西方各种设计思潮的基础上兼容并蓄,融会贯通,导入新的思维和观念,为我们重新审视民族传统文化提供更多的思考维度。同时,又要积极掌握新的信息技术手段,为设计提供更多表现和实现的可能性,寻找既属于本民族又为国际社会所认同的现代设计。

参考文献

[1] 柳沙.设计艺术心理学[M].北京:清华大学出版社,2006.

[2] 王中令.艺术效应与视觉心理——艺术视觉心理学[M].北京:人民美术出版社,2011.

[3] 叶奕乾,何存道,梁宁建.普通心理学[M].4版.上海:华东师范大学出版社,2010.

[4] (美)鲁道夫·阿恩海姆.艺术与视知觉[M].北京:中国社会科学出版社,1984.

[5] 任立生.设计心理学[M].北京:化学工业出版社,2005.

[6] 吕景云,朱来顺.艺术心理学新论[M].2版.北京:文化艺术出版社,2005.

[7] 赵江洪.设计心理学[M].北京:北京理工大学出版社,2004.

[8] 王妍,张大勇.心理学与接受美学[M].北京:中国电影出版社,2011.

[9] 弗兰克·戈布尔.第三思潮:马斯洛心理学[M].上海:上海译文出版社,1987.

[10] (美)彭尼·皮尔斯.直觉力:打开灵感和创造力的心理学[M].张鎏,译.北京:中信出版社,2012.

[11] 朱光潜.西方美学史[M].2版.北京:人民文学出版社,1979.

[12] 宋专茂.设计心理学[M].广州:广东高等教育出版社,2007.

[13] 张春兴,林青山.教育心理学[M].台北:东华书局,1981.

[14] (奥)弗洛伊德.精神分析引论[M].高觉敷,译.北京:商务印书馆,1984.

[15] 郑雪.人格心理学[M].广州:暨南大学出版社,2007.

[16] (美)理查德·格里格,菲利普·津巴多.心理学与生活[M].王垒,王甦,等译.16版.北京:人民邮电出版社,2003.

[17] 时蓉华.现代社会心理学[M].修订版.上海:华东师范大学出版社,2007.

[18] 许劭艺.设计艺术心理学[M].长沙:中南大学出版社,2008.

[19] 梁家年.设计艺术心理学[M].武汉:武汉大学出版社,2011.

[20] 徐勇民.设计心理学[M].武汉:湖北美术出版社,2008.

附图 1　包装设计

附图 2　后现代主义设计

附图 3　桌子

附图 4　印象派大师莫奈晚期作品《睡莲》

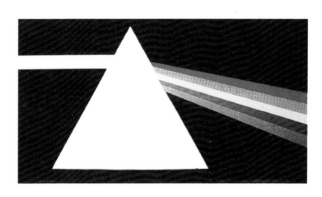

附图 5　色光的加色混合

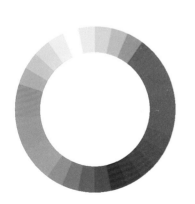

附图 6　全色相色彩

附图 7　孟赛尔色立体

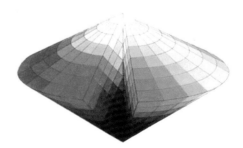

附图 8　奥斯特瓦德色立体

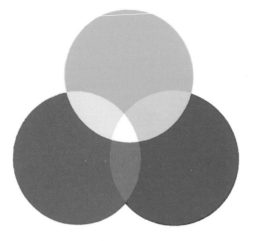

附图 9　色光的加色混合

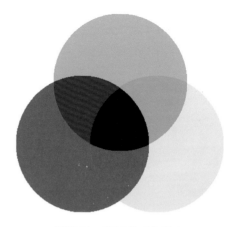

附图 10　颜料的减色混合

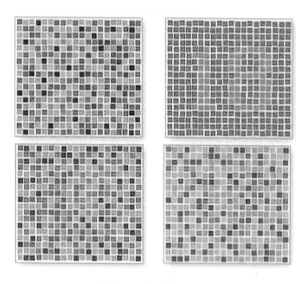

附图 11　色觉缺陷测试

附图 12　黄色有警醒和提示的作用

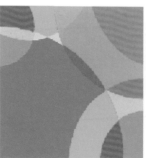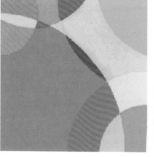

附图 13　色彩构成表达"春、夏、秋、冬"

附图 14　克里斯托冬日里的公共艺术"门"

附图 15　被称为"中国红"的色

附图 16　圆点女王草间弥生和她的经典对比色设计

附图 17　中国新娘服装设计多采用红色系

附图 18　西方新娘服装设计多采用白色系

附图 19　是否有运动

附图 20　室内设计膨胀色运用

附图 21　海报设计前进色运用

附图 22　摄影中前进色的运用

附图 23　某品牌手表的平面广告

附图 24　汰渍洗衣粉平面广告

附图 25　香奈尔香水平面广告

附图 26　可口可乐平面广告

附图 27　可口可乐经典而过目不忘的商标设计　　　　附图 28　洗衣粉包装也能推动消费　　　　附图 29　福田繁雄

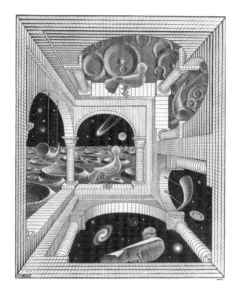

附图 30　埃舍尔的矛盾图形设计　　　　　　　　附图 31　安腾忠雄教堂三部曲之"光之教堂"

附图 32　安藤忠雄设计的上海国际设计中心　　　　　附图 33　安恩·雅各布森设计的纺织物材质的"蛋"椅

附图 34 塞尔吉奥吉尔设计的拟人化的桦木胶合板椅子

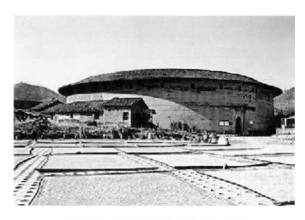

附图 35 福建客家夯土建成的土楼

附图 36 现代建筑大师张永和设计的具有现代
气息的夯土建筑——土宅

附图 37 感性的数码产品设计

附图 38 历代 iPod

附图 39 五彩缤纷的设计

附图 40 朗香教堂

附图 41 朗香教堂室内效果

附图 42 上海世博会智利馆

附图 43 杭州青藤茶馆

附图 44 红纸包装、丝带包装

附图 45 儿童礼品

附图 46 毛竹茶叶包装

附图 47 酒鬼酒

附图 48 泸州老窖包装

附图 49　中国民族化设计

附图 50　日本包装设计

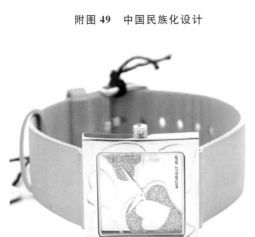

附图 51　JOJO 钟表

附图 52　空间的错位

附图 53　SoftBank 手机